Color Platinum

for gray hair

새치 염색 전문서

저자 : imaii
감수 : 김상규

첫 머 리

새치 염색 기술서로서, 'Platinum Color'를 부제로 제시한 이 책은 새치를 심각하게 고민하는 분들을 위한 책입니다.

굳이 이러한 타이틀의 기술서의 발행을 생각하게 된 것은, 집에서 직접 염색하는 컬러제의 출하량이 최근 20년 사이에 50%를 밑도는 숫자가 나타내듯이 "새치는 숨긴다"라고 하는 일반인과 대부분 미용사의 생각에 변화를 주고 싶은 마음 이 컸기 때문입니다.

미용사라고 하는 호칭은, 헤어를 만지는 사람, 퍼머 전문가, 커트 전문가 등을 거쳐 20년정도 전부터 젊은이들을 중심으로 헤어 컬러를 많이 하게 되고, 커트도 단순한 커트에서 "솎아냄" = "가벼운 머리"로 변화하면서 헤어 디자이너로 불리게 되었고, 컬러의 보급과 함께 헤어 케어제가 혁신적으로 진화한 덕분에 현재에는 "헤어 케어 전문가"가 되었습니다.

커트와 헤어 컬러가 변화하기 시작한 20년정도 전부터 헤어 컬러를 해왔던 친구의 머리에도 새치가 생기기 시작했습니다. 그 친구의 헤어 컬러는 옛날 그대로 "숨기는" 기술로 만족할 수 있을까요?

모든 업무가 매일 진보하고, 변화하는 것이 이 세계인데 새치 염색만 숨기는 기술에 머물러있는 것은 확실히 전시대적이라고 생각합니다.

흰색은 검은색보다는 "색"을 훨씬 잘 물들일 수 있습니다. 새치를 "살린다" "그라데이션" "색을 입힌다" "기른다"의 발상으로 대처를 해 온 imaii 컬러리스트들의 20년에 달하는 기술을 모아 둔 책입니다.

타이틀에 Platinum Color(플래티넘 컬러)로 한 이유는, 새치=그레이는 어떻게 해도 나이든 티가 나지만, 다양한 경험이 쌓여 앞으로의 인생을 새롭고 긍정적으로 생각하는 분들에게는 젊음과는 다른 깊은 매력과 여유를 느낄 수 있기 때문입니다. Platinum의 반짝임. 다양한 방법으로 "살리는" 컬러, 매일 변화하는 상황을 즐길 수 있는 "색을 입혀" "기르는" 컬러를 제안하는 것은 저희 미용사에게 주어진 큰 사명이라고 생각합니다.

"숨기는" 컬러 기술의 사이클은 짧기 때문에, 귀찮으니까 「염색하지 않는다」 「새치여도 괜찮아」라고 하는 사람이 늘어나고 있지만, "살린다" "그라데이션" "색을 입힌다" "기른다"의 컬러를 진행함으로써 자신을 늘 아름답게 하려는 마음을 향상시키고 그에 따른 만족감을 얻고자 하는 부분에도 착안해서 이 책을 읽어주셨으면 좋겠습니다.

contents

Prologue
첫머리 2

Chapter 1
"살린다" "그라데이션" "색을 입힌다"
새치를 위한 디자인 워크 4

새치를 살린다 Platinum Color 6
새치의 그라데이션 Platinum Color 24
새치를 꾸민다 Platinum Color 32

Platinum Color Special
새치를 아름답게 "기르는" 3 step 디자인 56
새치와 헤어 컬러의 새로운 관계 58
새치를 디자인하는 기초 지식 58
새치를 위한 디자인 59
Ⅰ 새치를 살리는 3 step 디자인 60
Ⅱ 새치 그라데이션 3 step 디자인 66
Ⅲ 새치에 색을 입히는 3 step 디자인 72

Chapter 2
새치를 위한 헤어 컬러 기초 기술과 이론 80

GRAY HAIR TECHNIQUE
제로 테크닉(헤어매니큐어) 82
그레이 헤어 리터치 84

BASIC TECHNIQUE
원메이크 컬러 86
패션·리터치 88

DESIGN COLOR TECHNIQUE
슬라이싱 90
위빙 90
호일워크 91
백 투 백 91
백콤 92
발레야쥬 93
스머징 93

DESIGN THEORY
피치의 차이에 의한 효과와 특징 94
패널의 차이에 의한 효과와 특징 95
하이라이트의 종류와 효과를 검증 96
하이라이트의 종류와 이미지 97

Chapter 3
케이스 스터디로 배워보는 디자인 레시피 98
새치를 살리는 헤어 컬러 기술 100
새치의 그라데이션 헤어 컬러 기술 112
새치에 색을 입히는 헤어 컬러 기술 118

Appendix
새치 일반 상식 140

Epilogue
마지막으로 148

platinum color
for gray hair

Chapter 1

"살린다" "그라데이션" "색을 입힌다"

새치를 위한 디자인 워크

본 장에서는 25명의 모델에게 "살린다" "그라데이션" "색을 입힌다" 「Platinum Color / 플래티넘 컬러」 디자인 워크를 개제. 새치의 비율이 80% 이상인 고객부터 새치가 막 자라기 시작한 고객까지, 폭 넓은 그레이 헤어에 대응하는 헤어 컬러 디자인을 소개하겠습니다.

새치를 살린다 Platinum Color ·················· 6

새치의 그라데이션 Platinum Color ············ 24

새치를 꾸민다 Platinum Color ·················· 32

※Platinum (백금) : 은은한 광택의 아름다움

Platinum Color

새치를 살린다

Technique ▶ p.63

Hair Design_Hiroki Sato Hair Color_Masayuki Osawa

새치를 살린다
Platinum Color
Technique ▶ p.149

Hair Design_Masahiro Arimura   Hair Color_Atsuko Ozaki

Hair Design_Hidenori Ninomiya　Hair Color_Masayuki Osawa

Platinum Color
새치를 살린다
Technique ▶ p.100

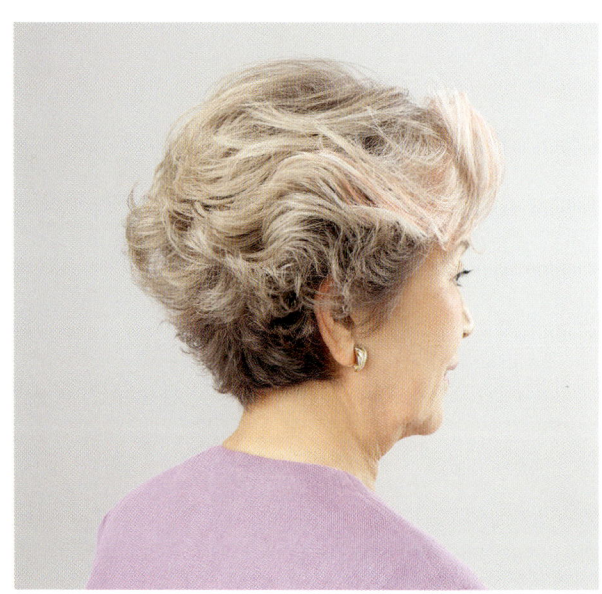

새치를 살린다
Platinum Color
Technique ▶ p.102

Hair Design_Masahiro Arimura   Hair Color_Daisuke Nakamura

Hair Design_Hidenori Ninomiya   Hair Color_Fumiko Oyamada

새치를 살린다
Platinum Color
Technique ▶ p.104

Hair Design_Hidenori Ninomiya   Hair Color_Daisuke Nakamura

새치를 살린다
Platinum Color
Technique ▶ p.106

새치를 살린다
Platinum Color
Technique ▶ p.108

Hair Design_Hideo Imai   Hair Color_Daisuke Nakamura

Hair Design_Masahiro Arimura Hair Color_Daisuke Nakamura

새치를 살린다
Platinum Color
Technique ▶ p.110

Hair Design_Hidenori Ninomiya   Hair Color_Masayuki Osawa

Platinum Color
새치의 그라데이션

Technique ▶ p.69

Hair Design_Masahiro Arimura   Hair Color_Atsuko Ozaki

새치의 그라데이션
Platinum Color
Technique ▶ p.112

Hair Design_Harukazu Ishihara   Hair Color_Daisuke Nakamura

Hair Design_Harukazu Ishihara　Hair Color_Atsuko Ozaki

새치의 그라데이션
Platinum Color
Technique ▶ p.114

Hair Design_Masahiro Arimura   Hair Color_Tomoko Ishibashi

새치의 그라데이션
Platinum Color
Technique ▶ p.116

31

Platinum Color

새치에 색을 입힌다

Technique ▶ p.118

Hair Design_Hideo Imai   Hair Color_Junji Akeda

새치에 색을 입힌다
Platinum Color
Technique ▶ p.120

Hair Design_Masahiro Arimura Hair Color_Junji Akeda

Hair Design_Reiko Takahashi　Hair Color_Takashi Okura

Platinum Color

새치에 색을 입힌다

Technique ▶ p.148

새치에 색을 입힌다
Platinum Color
Technique ▶ p.122

Hair Design_Hidenori Ninomiya Hair Color_Daisuke Nakamura

Hair Design_Hirofumi Ikeda   Hair Color_Daisuke Ebato

새치에 색을 입힌다
Platinum Color
Technique ▶ p.124

새치에 색을 입힌다
Platinum Color
Technique ▶ p.126

Hair Design_Katsunori Takizawa Hair Color_Shiho Izumi

새치에 색을 입힌다
Platinum Color
Technique ▶ p.128

Hair Design_Hideo Imai   Hair Color_Daisuke Nakamura

Hair Design_Tadashi Hasegawa   Hair Color_Masayuki Osawa

새치에 색을 입힌다
Platinum Color
Technique ▶ p.130

새치에 색을 입힌다
Platinum Color
Technique ▶ p.132

Hair Design_Ayako Yamada Hair Color_Atsuko Ozaki

새치에 색을 입힌다
Platinum Color
Technique ▶ p.134

Hair Design_Masami Shimazawa   Hair Color_Erina Kaku

새치에 색을 입힌다
Platinum Color
Technique ▶ p.136

Hair Design_Masahiro Arimura   Hair Color_Erina Kaku

Hair Design_Reiko Takahashi　Hair Color_Erina Kaku

새치에 색을 입힌다
Platinum Color
Technique ▶ p.138

Coloring for gray hair

Platinum Color Special

Planning Hair Color

"살린다" "그라데이션" "새치에 색을 입힌다"
헤어 컬러 기술

새치를 아름답게 "기르는" 3 step 디자인

본 장에서는 나이가 들어가면서 부정적인 현상의 특징이 되는 새치를, "살린다" "그라데이션" "색을 입힌다" 헤어 컬러 디자인으로 긍정적인 인상으로 바꾸기 위한 테크닉을 해설했습니다.

3명의 모델을 예로 2개월정도의 내점 플랜을 근거로, 3회 시술로 새치를 기르는 과정과 함께 아름다운 헤어 컬러로 바뀌는 모습을 소개하겠습니다.

"자신만의 개성을 즐길 수 있음을 파악한다." 요즘 성인 여성에게 새치를 "숨긴다"가 아닌, "새치를 기르는 제안을 할 때 사용할 수 있는 "살린다" "그라데이션" "꾸민다"의 기술을 배워 봅시다.

새치와 헤어 컬러의 새로운 관계를 제안

새치를 숨기기 위해서 반복해 온 헤어 컬러. 이런 고객에게 새치를 디자인의 일부로 만드는 제안을 해보면 어떨까요? 본 장에서는 노년의 여성 고객만 가능한 특별한 헤어 디자인인 "플래티넘 컬러"에 필요한 방식과 지식을 소개하겠습니다.

새치를 "숨긴다"에서 "디자인의 일부"로 제안

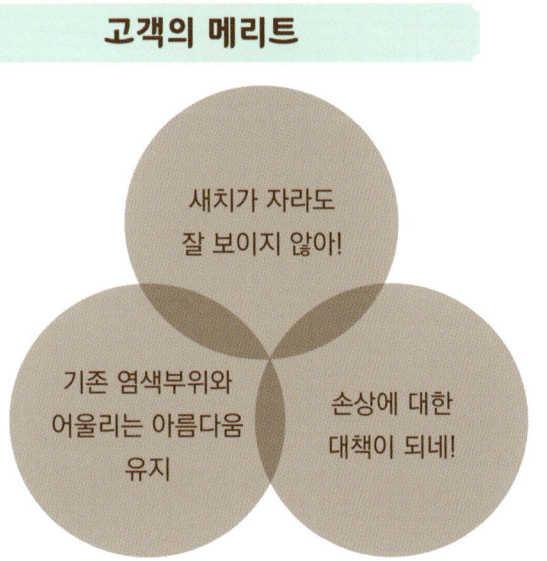

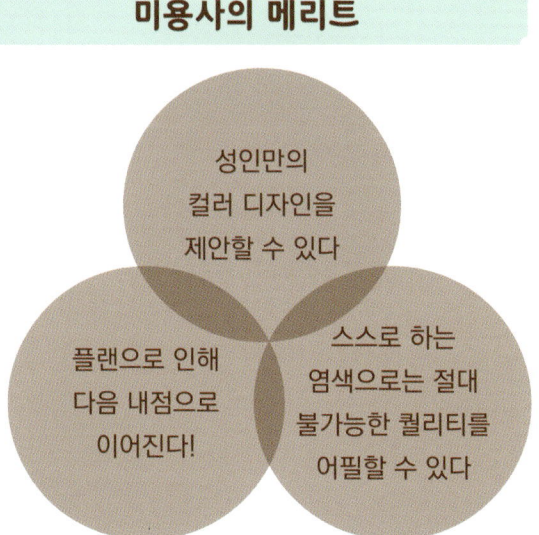

새치를 디자인하기 위한 기초 지식

1. 어느 부분에 얼마만큼 새치가 있는지 정확하게 파악한다!

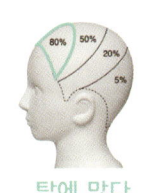
탑에 많다

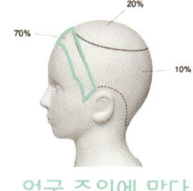
얼굴 주위에 많다

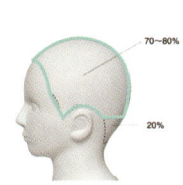
전체적으로 있다

사람에 따라 새치가 자라는 방향이 다릅니다. 그것을 정확하게 파악하고 분석하는 것이 새치를 디자인하기 위한 첫걸음입니다. 왼쪽 그림과 같은 새치 분석도로 어느 부분에 얼마만큼 새치가 자라 있고 그 새치가 자라는 방향의 특징을 이해해 봅시다.

2. 새치를 아름답게 기르기 위한 플랜을 생각해 보자

Before → Step1 → Step2 → Step3

새치를 디자인하기 위해서는 고객에 대한 이해와 가치관의 공유가 필요합니다. 기간이 얼마나 걸리고, 어떻게 헤어 컬러를 바꾸는지 고객에게 설명하고 그 변화의 과정도 아름답게 보낼 수 있는 디자인 플랜을 제안해 봅시다. 새치를 기르는 과정을 정확하게 제안할 수 있다면, 분명 고객의 생각도 바꿀 수 있습니다.

새치와 헤어 컬러의 새로운 관계를 제안

Design I 살린다

새치를 "살린다"란, 새치의 하얀색을 컬러 디자인에 그대로 이용하는 것. 새치가 집중되어 자라는 고객에게 적합한 헤어 디자인입니다. 본 장에서는, Platinum Color Design I 로 새치를 "살린다" 케이스 스터디를 해설하겠습니다

Design II 그라데이션

새치의 "그라데이션"이란, 새치의 흰색을 컬러제로 주위 모발색과 잘 어우러지도록 하는 헤어 컬러 디자인입니다. 새치의 흰색이 눈에 띄지 않도록 주변의 채도와 명도에 가까운 컬러를 시술합니다.
본 장에서는 Platinum Color Design II 로 새치의 그라데이션 케이스 스터디를 해설하겠습니다.

Design III 색을 입힌다

새치에 "색을 입힌다"란, 모발에 색을 더하는 헤어 디자인이다. 모발의 색과 다른 색을 더하거나 하이라이트와 로우라이트로 명도를 조정하는 등, 표현이 폭넓고 다양합니다.
본 장에서는, "색을 입힌다" 케이스 스터디를 해설하겠습니다.

Platinum Color Design

I 새치를 "살리는" 3 Step 플랜

새치를 아름답게 기르면서, 살리는 컬러 체인지

기술해설 / 오사와 마사유키

홈 컬러의 어두운 컬러에서 새치를 살리는 헤어 컬러로 체인지하기 위한, 중간 과정도 아름다운 헤어 컬러 디자인 플랜과 그 테크닉을 해설하겠습니다.

3스텝으로 제안한다, 새치를 아름답게 「살리기」위한 컬러 디자인

내점 시	9월 27일	11월 29일	1월 17일
새치 + 어둡다	좁은 띠 형태 + 밝다	새치 + 밝다	새치 + 밝다 + 어둡다
	시술 1회째	시술 2회째	시술 3회째
홈 컬러의 새치 염색의 영향으로 전체적으로 어두운 상태. 새로 자란 새치가 눈에 띈다.	베이지계열의 헤어 컬러로 전체가 밝은 인상. 가는 하이라이트를 넣어 밝기를 향상시킨다.	프론트의 새치를 살리는 디자인으로 하기 위해서, 퇴색된 기존 염색모의 노란색을 브리치로 없앤다. 투명 헤어 매니큐어로 기존 염색모의 퇴색된 밝기를 살린다.	새치를 하이라이트로서 살리기 위해서, 일부러 로우라이트를 시술해서 깊이감을 플러스. 세련되고 품위있는 플래티넘을 목표로 한다.

새치를 「숨긴다」에서 「살리기」로 하기 위한 방법

새치가 눈에 잘 띄는 프론트!

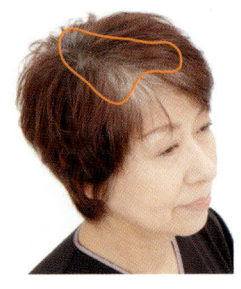

역전의 발상! → 새치를 「숨긴다」에서 새치를 「살리는」 헤어 컬러의 제안 →

새치를 살리기 위해서는 「기른다」 필요하다

새치를 기른다 = 「새치가 자라기까지 헤어 컬러를 중단」에서는 고객에게는 스트레스로… ✕

↓

새치를 아름답게 길러서 그 새치를 살리는 디자인으로 체인지

모델 데이터

Before

2개월 전에 홈 컬러로 염색한 생태. 전체가 7레벨정도이기 때문에 신생부의 새치가 눈에 잘 띈다.

새치분석

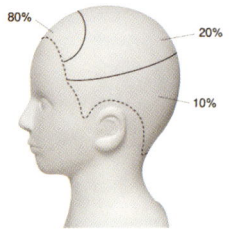

프론트에 80%, 두개골 위에 20%, 언더에 10%정도의 새치가 있다.

모발 데이터

머릿결
- 모발양   적다 ─── 보통 ─── 많다
- 단단함   약하다 ─── 보통 ─── 단단하다
- 두께   가늘다 ─── 보통 ─── 두껍다
- 곱슬   없다 ─── 보통 ─── 강하다

헤어 컬러 빈도 ──────── 1개월에 1회

퍼머 ──────── 시술 없음

피부 색 ──────── 옐로우 베이스

Step.1

9월 27일

좁은 띠(피치) 형태의 밝다 하이라이트로 밝기 업

홈 컬러로 새치를 염색을 했기 때문에 전체적으로 어두운 상태. 자랐을 때 새치가 눈에 띈다. 전체적으로 하이라이트를 좁게 넣어 밝기를 높이고, 기존 염색부의 어두운 부분을 없앤다.

Base

| Before | Point | 시술 전 상태 | Base Cut | Hair design 사토히로키 |

프론트에 집중된 새치가 2cm 자랐다. 홈 컬러로 인해, 어두운 색이 확실하게 남아 신생부의 새치가 도드라진다.

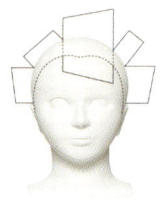 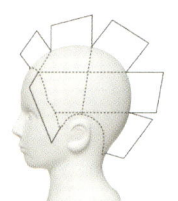

Design plan

좁은 하이라이트를 시술해서 전체적으로 밝기를 업

시술 전
새치+기존 염색부(7레벨)
새치 염색의 영향으로 전체적으로 어두운 상태. 새로 자란 뿌리의 새치가 도드라진다.

컬러 후
베이스(8레벨)+하이라이트
베이지계열 베이스 컬러로 전체를 밝게 해서 새치와의 명도 차이를 좁힌다. 하이라이트를 전체에 넣어 더욱 밝은 상태로.

Hair color technique

약제 선정
ⓐ 신생부 : REAL화학 『메리』 6B/8:9GR 1:1(OX 6%)
ⓑ 하이라이트 : REAL화학 『리얼크림브리치』(OX 6% X 2)
ⓒ 기존 염색부 : REAL화학 『메리』 12GR (OX 6% X 2)

Top&Front

 **1** 전체의 신생부에 약제 ⓐ를 도포하고 크림 리터치. 새치 이외의 모발색의 명도를 새치와 가깝게 하기 위해서 밝게 설정한다.

 **2** 그레이 리터치가 종료된 상태.

3 폭 5mm, 간폭 10mm, 깊이 3mm의 위빙을 시술한다. 먼저 도포 한 신생부를 남겨 약제 ⓑ를 도포. 하이라이트를 시술한다. 10mm 간 폭으로 6개 넣는다.

Side

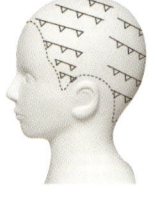

4 먼저 ⓐ를 도포한 신생부와의 경계는 솔을 세로로 넣는다. 이렇게 하면 리터치 부분과 하이라이트의 경계가 자연스러워 진다.

 **5** 왼쪽 탑부터 왼쪽 사이드에 걸쳐 ③과 같은 피치로 위빙. 10개의 하이라이트를 시술한다.

Back

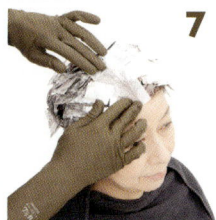 **6** ①~⑤에서 호일을 둔 기존 염색부에 약제 ⓒ를 도포. 베이스 컬러를 시술한다.

7 베이스 컬러의 도포가 끝났다면 잘 올라오는 새치가 뜨지 않도록 얼굴 주위와 경계 부분에 페이퍼를 붙인다. 15분 자연 방치.

Platinum Color Design I

Step.2

11월 29일

새치 + 밝다 **새치를 디자인으로 살린다**

앞서 새치 부분에 시술을 한 색을 없애고, 얼굴 주위에 80%정도의 비율로 자라나온 새치를 하이라이트로 살리는 헤어 컬러 디자인으로 한다.

Base

Before

Point

시술 전 상태

뿌리부터 1.5cm정도 자라 있고, 프론트의 새치가 눈에 띄는 상태. 프론트 이외에는 이전에 시술했던 헤어 컬러가 퇴색되어 9레벨의 베이지 계열로. 전체의 인상은 옐로우계열의 11레벨.

Base Cut

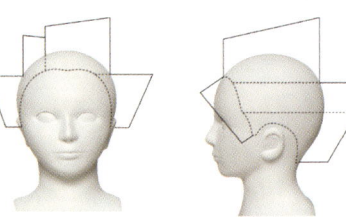

Hair design 사토히로키

Design plan

얼굴 주위의 새치를 하이라이트 디자인으로 체인지

시술 전
새치+기존 염색부(11레벨)
이전의 헤어 컬러가 퇴색되어 11레벨의 밝기가 되었다. 새로 자란 뿌리의 새치와의 명도 차이는 그다지 크지 않지만 퇴색부의 노란색이 강하다.

컬러 후
베이스(10레벨)+하이라이트+새치
새치가 자란 프론트는 이전의 색을 없애고, 새치의 흰색을 디자인으로 살린 헤어 컬러로. 기존 염색부는 퇴색된 밝기를 살린다.

Hair color technique

약제 선정
ⓐ 하이라이트 : REAL화학『리얼크림브리치』(OX 6% X 2)
ⓑ 신생부 : REAL화학『메이리』9GR:『메이리Lu』NB=3:1(OX6%)
ⓒ 기존 염색부 : REAL화학『LOHAS Color』클리어
ⓓ 토너 : REAL화학『메이리』12GR:『메이리Lu』VA=10:1(OX2.8%)

Top&Front

1 새치가 집중된 프론트부분부터 두께 5mm의 슬라이스를 나눈다.

2 새치를 살리는 디자인으로 하기 위해서 약제 ⓐ를 도포해서 기존 염색부의 색을 없앤다.

3 헤비 사이드에 맞춰 두께 5mm 슬라이스로 새치를 없앤다. 약제 ⓐ를 도포해서, 기존 염색부의 색을 없앤다.

Side
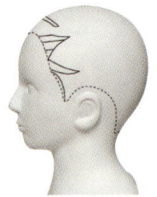

4 라이트 사이드도 새치 부분부터 두께 5mm의 슬라이스를 나누고 ⓐ를 도포. 라이트 사이드는 부분적으로 기존 염색부의 색을 그대로 남겨 둔다.

5 하이라이트 이외의 신생부에 약제 ⓑ를 도포. 피부가 민감한 상태이기 때문에 두피에 약제가 닿지 않도록 제로 테크닉으로 리터치한다.

Back
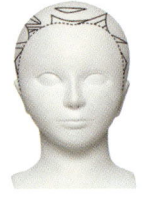

6 기존 염색부에는 ⓒ를 도포. 클리어 헤어매니큐어로 퇴색되어 밝아진 상태를 살린다.

7 방치 후 전체를 헹군 후, 하이라이트 부분에 약제 ⓑ를 도포. 토너로 하이라이트 부분에 그레이 색을 넣는다.

Step.3

1월 17일

새치 + 밝다 + 어둡다 **새치가 돋보이는 블랜드 컬러**

얼굴 주위의 새치를 하이라이트로 살리면서, 콘트라스트로 디자인이 돋보이도록 로우 라이트를 시술해서 더욱 세련된 블랜드 컬러로 표현한다.

※ 블랜드 컬러: 차분한 느낌을 주는 컬러

Base

| Before | Point | 시술 전 상태 | Base Cut | Hair design 사토히로키 |

시술 전 상태: 신생부는 1cm정도. 이전 하이라이트 컬러가 퇴색되어 노란색이 눈에 띄는 상태.(밝기는 10레벨의 옐로우계열) 전체의 인상은 옐로우계열의 10레벨.

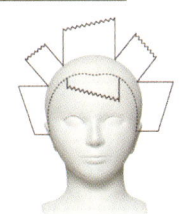 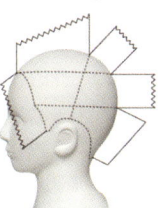

Design plan

새치를 돋보이게 하는 로우 라이트로 블랜드 컬러

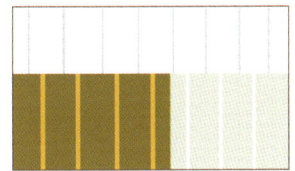

시술 전: 새치+기존 염색부(11레벨)
이전의 헤어 컬러가 퇴색되어 11레벨의 밝기가 되었다. 새로 자란 뿌리의 새치와의 명도 차이는 그다지 크지 않지만 퇴색부의 노란색이 강하다.

컬러 후: 베이스(9레벨)+하이라이트+새치+로우라이트
새치를 하이라이트 디자인으로 살리고 로우 라이트를 넣어 콘트라스트. 기존 염색부는 퇴색된 밝기를 살린다.

Hair color technique

약제 선정
ⓐ 하이라이트 : REAL화학 『리얼크림브리치』(OX 6% X 2)
ⓑ 로우라이트 : REAL화학 『메이리』 3 N/5 (OX2.8%)
ⓒ 신생부 : REAL화학 『메이리』 9GR (OX 6%)
ⓓ 얼굴주위 하이라이트 : REAL화학 『메이리』 12GR(OX6% X 2)
ⓔ 토너 : REAL화학 『메이리』 12GR·『메이리Lu』VA=10:1(OX2.8%)

Top&Front

1  라이트 사이드 파트부터 폭15mm, 간폭15mm, 깊이3mm의 위빙을 시술한다. 약제 ⓐ를 뿌리부터 도포하고 하이라이트를 넣는다. 바로 아래에 폭15mm, 간폭15mm, 깊이3mm의 위빙을 시술해서 약제 ⓑ를 뿌리부터 도포.

2  ①의 하이라이트와 로우라이트를 2개 1조로 해서 15mm간 폭으로 시술한다.

3 헤비 사이드도 ①과 같이 ⓐ와 ⓑ를 도포한다. 다만 새치의 경계는 콘트라스트를 위해서 두께 3mm의 슬라이싱으로 약제 ⓑ를 도포 후 로우라이트를 넣는다.

Side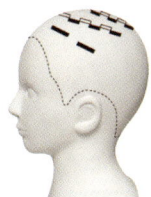

4  백은 폭15mm, 간폭15mm, 두께 3mm의 위빙을 시술, 약제 ⓐ를 도포. 하이라이트만 시술한다.

5 신생부 리터치. 프론트 이외의 신생부에만 약제 ⓒ를 도포한다.

Back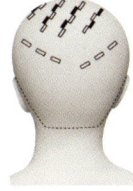

6  프론트는 새치를 살리는 디자인으로 하기 위해서 약제 ⓓ를 도포. 12레벨의 페일 그레이를 도포해서 노란색을 없애고 품위 있는 하이라이트 컬러로 정돈한다.

7 방치 후, 샴푸로 헹구어 낸다. 그 후 전체에 약제 ⓔ를 도포. 토너로 전체의 색투명한 페일 그레이로 조정한다.

Platinum Color Design I

새치를 "살리는" 3Step 플랜

Step.1 하이라이트로 밝기를 업

   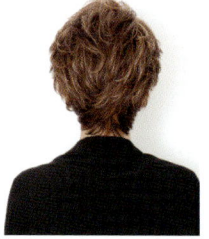

Step.2 새치를 디자인

Step.3 새치가 돋보이는 블랜드 컬러

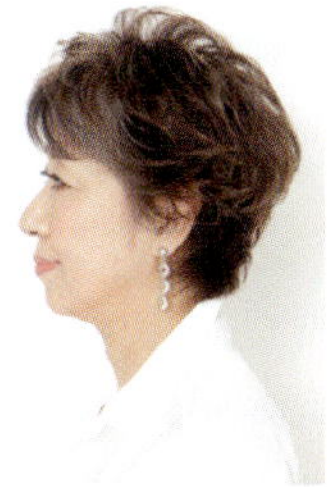

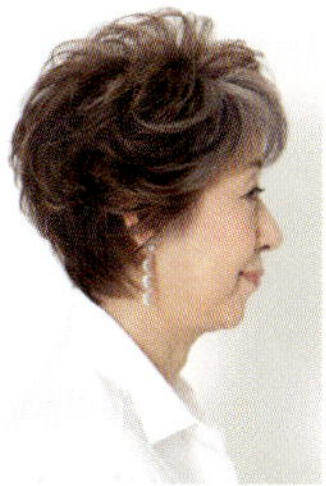

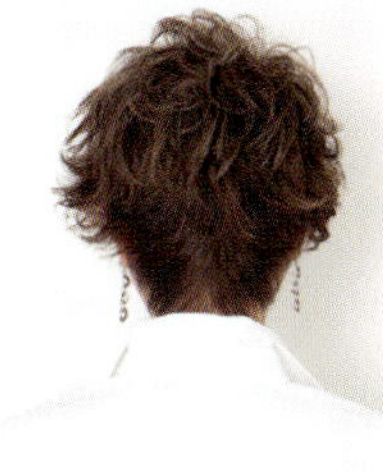

Platinum Color Design

II 새치 "그라데이션" 3 Step 플랜

새치가 눈에 띄지 않도록 잘 어우러지는 컬러 디자인으로 체인지!

기술해설 / 오자키 아츠코

젊어 보이지만, 새치율이 높아 눈에 잘 띄는 고객에게 헤어 컬러를 제안. 새치가 눈에 잘 띄지 않도록 잘 어우러지는 컬러 디자인 플랜과 그 테크닉을 해설하겠습니다.

3스텝으로 제안한다, 새치가 아름다운 「그라데이션」 컬러 디자인

내점 시 — 새치 + 어둡다
8레벨 브라운계열의 컬러. 전체적으로 어두운 상태. 특히 파트부분의 새로 자란 새치가 눈에 띈다.

9월 27일 — 좁은 띠 형태 + 밝다 (시술 1회째)
표면에 좁은 하이라이트를 넣어 손상을 최소한으로 하면서 전체를 밝은 인상으로. 새치가 자라도 하이라이트와 잘 어우러져 눈에 잘 띄지 않는다.

11월 29일 — 밝다 + 어둡다 (시술 2회째)
이전에 시술한 하이라이트와 베이스 컬러의 퇴색된 컬러를 살리고, 새치와 잘 어울리는 밝기로. 로우라이트에서 콘트라스트를 넣어 새치가 자라도 잘 어울리게 한다.

1월 17일 — 밝다 (시술 3회째)
새치가 자라도 자연스러워지도록 퇴색된 명도를 살리면서, 섬세한 플래티넘 베이지 컬러의 하이라이트를 전체에 시술해, 세련된 컬러로.

새치를 「숨긴다」에서 「그라데이션」을 위한 방법

새치가 눈에 잘 띄는 파트의 뿌리

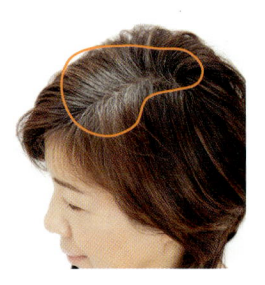

→ 역전의 발상! → 새치를 「숨긴다」에서 새치 「그라데이션」 헤어 컬러를 제안 →

새치를 살리기 위해서는 전체를 「밝게 할」 필요가 있다
그라데이션=「밝게 한다」에서는, 컬러 디자인의 베리에이션을 즐길 수 없다..

↓

새치 그라데이션 헤어 디자인을 즐길 수 있다

모델 데이터

Before

기존 염색부는 8레벨로 내츄럴 오렌지 브라운. 안쪽의 뿌리는 새치가 2cm 자란 상태. 신생부의 새치가 눈에 잘 띈다.

새치분석

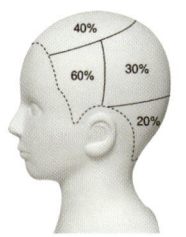

프론트에 40%, 프론트부터 사이드에 걸쳐 머리 가장자리를 중심으로 60%, 후두부에 30%, 네이프는 20%정도의 새치가 있다.

모발 데이터

머릿결
- 모발양: 적다 —— **보통** —— 많다
- 단단함: 약하다 —— **보통** —— 단단하다
- 두께: 가늘다 —— **보통** —— 두껍다
- 곱슬: **없다** —— 보통 —— 강하다

헤어 컬러 빈도 ········· 1개월에 1회
퍼머 ········· 시술 없음
피부 색 ········· 블루 베이스

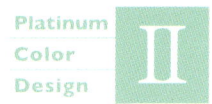

Step.1

9월 27일

좁은 띠(피치)형태로 밝다

새치와 잘 어우러지는 하이라이트

하이라이트를 전체에 시술해서 밝기를 업, 새치가 자라도 눈에 잘 띄지 않도록 한다.

Base

Before

Point

시술 전 상태
기존 염색부는 8레벨로 내츄럴한 오렌지 브라운. 안쪽의 뿌리는 새치가 2cm 자라 있다.

Base Cut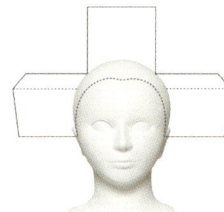

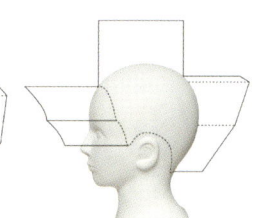

Hair design 니노미야 히데노리

Design plan

표면의 하이라이트 시술로, 손상 없이 밝기 업

시술 전
새치+기존 염색부(8레벨)
새치가 2cm자라 있기 때문에 눈에 띈다. 기존 염색부는 8레벨로 내츄럴한 오렌지 브라운.

컬러 후
베이스(7레벨)+하이라이트
베이지계열 베이스의 컬러로 전체를 밝은 인상으로 만들어 새치와 명도의 차이를 좁힌다. 표면에 좁은 하이라이트를 넣어 전체적으로 밝은 인상을 만든다.

Hair color technique

약제 선정
ⓐ하이라이트 : LebeL/TakaraBelmont 『루베르 플라티나 브리치』 (OX 6% x3)
ⓑ신생부 : LebeL/TakaraBelmont 『마테리아G』 Be-7G : A-7G = 2:1 (OX 6%)

Top&Front

1 프론트에 폭 5mm, 간폭 10mm, 깊이 5mm의 위빙을 시술한다. 신생부는 도포하지 않고 기존 염색부에 약제 ⓐ를 도포. 하이라이트를 넣는다.

2 그 아래에 두께 15mm 슬라이스를 나누고, 여기는 도포하지 않고 남겨둔다. 이하 위빙을 15mm간폭으로 시술하고 하이라이트를 4개 넣는다.

3 귀 위는 폭5mm, 간폭10mm, 깊이 5mm의 위빙을 시술하고, 약제 ⓐ를 도포. 하이라이트를 넣는다.

Side
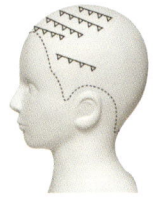

4 왼쪽 탑·백도 폭 5mm, 간폭10mm, 깊이 5mm의 위빙을 시술하고, 신생부를 남겨 하이라이트 ⓐ를 도포한다.

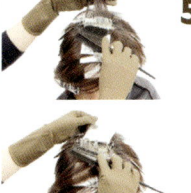

5 신생부에 약제 ⓑ를 도포. 디바이딩 라인은 솔을 세워서 도포한다. ①~④에서 남겨 둔 호일의 신생부에도 약제 ⓑ를 도포한다.

Back

6 뿌리의 도포 종료 상태. 하이라이트 이외의 기존 염색부는 머리에 부담을 주지 않도록 퇴색된 컬러를 그대로 살린다.

7 튀어 나오는 새치에 약제를 정착시키기 위해서 얼굴 주위와 파트에 페이퍼를 붙인다. 20분 자연방치.

Step.2

11월 29일

밝다 + 어둡다 로우라이트에 블랜드 컬러

앞서 시술한 하이라이트와 퇴색된 컬러의 효과를 위해 로우라이트를 넣고, 블랜드 컬러로 새치와 자연스럽게 만든다.

※ 블랜드 컬러 : 티나지 않게 기존 컬러와 자연스럽게 어울리는 컬러

Base

Before

Point

시술 전 상태

기존 염색부는 9레벨, 하이라이트 부분은 옐로우계열로 퇴색. 신생부는 2개월로 2.5cm 자라 있는 상태.

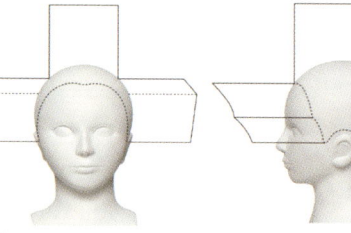

Base Cut

Hair design 아리무라 마사히로

Design plan

로우 라이트로 손상 없이 새치의 그라데이션

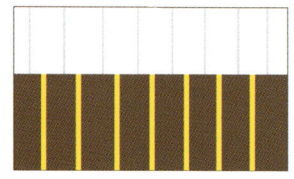

시술 전

새치+기존 염색부(9레벨)
신생부는 2개월로 2.5cm자라 있는 상태. 기존 염색부는 9레벨로 하이라이트 부분은 옐로우계열로 퇴색.

컬러 후

베이스(8레벨)+로우라이트+하이라이트
이전 하이라이트를 시술하지 않은 부분에 로우라이트를 넣고, 내츄럴한 콘트라스트를 표현.

Hair color technique

약제 선정

ⓐ로우라이트 : LebeL/TakaraBelmont 『마테리아G』 CB-5G (OX 2%)
ⓑ신생부 : LebeL/TakaraBelmont 『마테리아G』 MT-8G (OX6%)

Top&Front

1 탑부터 로우라이트를 넣는다. 이전 시술한 하이라이트 디자인을 살리기 위해서 하이라이트 이외의 모발을 위빙으로 나누어 둔다.

2 ①에서 나누어 둔 모발에 약제 ⓐ를 뿌리부터 듬뿍 도포. 로우라이트를 넣는다.

3 1cm 간폭으로 하이라이트 이외의 모발을 위빙으로 나누어 두고, 약제 ⓐ를 도포. 헤비 사이드에 로우라이트를 시술한다.

Side

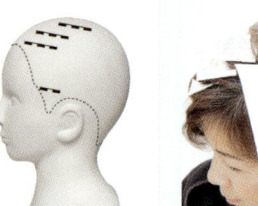

4 라이트 사이드·백 하이라이트 이외의 모발을 위빙으로 나누어 두고, 모발에 약제 ⓐ를 뿌리부터 듬뿍 도포한다.

5 ①~④에서 도포하지 않고 남겨 둔 모발의 신생부에 약제 ⓑ를 도포. 그레이 리터치를 시술한다.

Back

6 리터치가 끝난 상태. 모발에 부담을 주지 않도록 이번에 시술한 퇴색 컬러를 살려 자연스러운 밝기의 업을 목표로 한다.

7 새치에 약제를 정착시키기 위해서 얼굴 주위와 가르마에 따라 페이퍼를 붙인다. 20분 자연방치.

Step.3

1월 17일

밝다 새치 그라데이션 플래티넘 베이지

전체에 하이라이트를 좁게, 많이 넣어 전체의 밝기를 업. 새치가 자라도 잘 어우러진다.

Base

Before / Point

시술 전 상태
신생부는 10레벨로 하이라이트 부분은 옐로우계열, 로우라이트 부분은 6레벨로 퇴색되어 있다. 2개월 사이 2.5cm 자란 상태.

Base Cut / Hair design 아리무라 마사히로

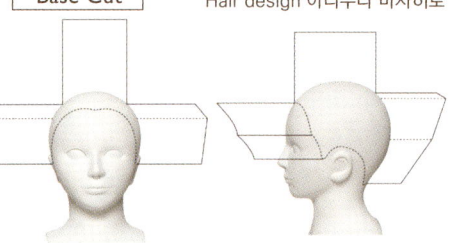

Design plan

좁은 하이라이트를 전체에 시술하고, 가볍고 부드러운 인상을 플러스

시술 전
새치+기존 염색부(10레벨)
2개월 사이 2.5cm가 자랐지만 그다지 눈에 띄지 않는다. 기존 염색부는 10레벨로 하이라이트 부분은 옐로우계열, 로우라이트 부분은 6레벨로 퇴색되어 있다.

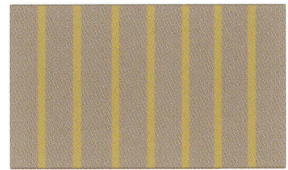

컬러 후
베이스(8레벨)+하이라이트
하이라이트로 밝기를 올렸다면 토너로 노란색을 억제한다. 새치가 자라도 잘 어울리는 플래티나 베이지 하이라이트로.

Hair color technique

약제 선정
ⓐ 하이라이트 : LebeL/TakaraBelmont 『플라티나브리치』 (OX 6% X3)
ⓑ 신생부 : LebeL/TakaraBelmont 『마테리아G 인테그럴라인』 Pt-10G:『마테리아G』A-9G=7:1(OX6%)
ⓒ 기존 염색부 : LebeL/TakaraBelmont 『마테리아μ 인테그럴라인』 Pt-8μ:『마테리아μ』CLEAR=1:5 (OX 2%)
ⓓ 토너 : LebeL/TakaraBelmont 『마테리아μ』A-8:『마테리아μ』

Top&Front

1 탑부터 헤비 사이드 방향으로 폭10mm, 간폭15mm의 위빙을 시술한다. 뿌리는 도포하지 않고 끝에만 약제 ⓐ를 도포. 하이라이트를 넣는다.

2 10mm 슬라이스를 나누고, 이 부분은 바르지 않고 남겨 둔다.

3 다음은 폭5mm, 간폭10mm로 위빙을 시술해서 약제 ⓐ를 도포. 하이라이트를 넣는다.

4 라이트 사이드·백도 폭10mm, 간폭15mm 피치와 폭5mm, 간폭10mm의 위빙을 10mm 간폭으로 시술해서 각각 약제 ⓐ를 도포한다.

5 신생부 리터치. 호일 워크로 바르지 않고 남겨 둔 뿌리에도 약제 ⓑ를 확실하게 도포한다.

Back

6 머리끝에는 약제 ⓒ를 도포. 전체에 바른다.

7 15분정도 방치 후, 가볍게 샴푸 후 수분을 날렸다면 토너. 하이라이트 부분을 중심으로 약제 ⓓ를 도포하고, 잘 스미도록 한다.

Platinum Color Design II 새치 "그라데이션" 3Step 플랜

Step.1 새치와 잘 어우러지는 하이라이트

Step.2 로우라이트에

차분한 느낌의 블랜드 컬러로

| Step.3 | 새치 그라데이션 플래티넘 베이지 |

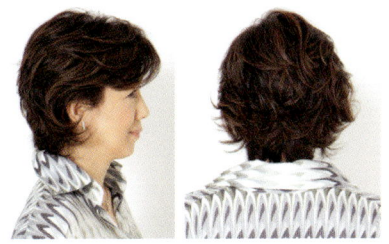

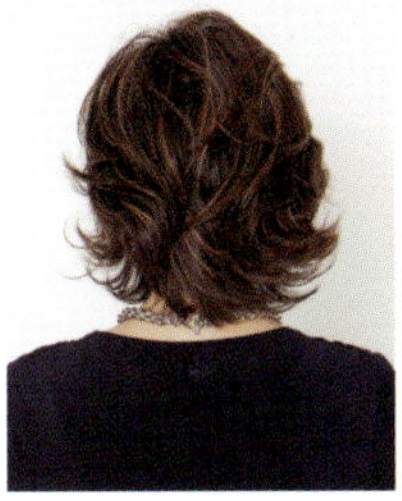

Platinum Color Design

III 새치에 "색을 입히다" 3 Step 플랜

막 자란 새치에 색을 더하는 컬러 체인지

기술해설 / 나카무라 다이스케

새치 염색을 하지 않은 상태의 헤어 스타일에 고객이 저항감 없이 컬러를 즐길 수 있는 컬러 디자인 플랜과 그 테크닉을 해설하겠습니다.

3스텝으로 제안한다, 저항감 없이 새치 염색으로 「색을 입히기」 위한 컬러 디자인

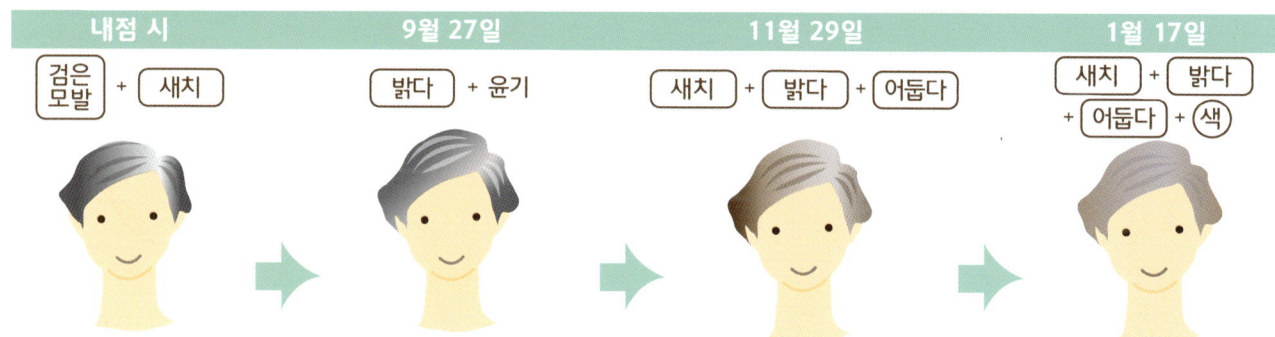

내점 시	9월 27일	11월 29일	1월 17일
검은모발 + 새치	밝다 + 윤기	새치 + 밝다 + 어둡다	새치 + 밝다 + 어둡다 + 색
헤어 컬러를 하지 않아서 검은 모발에 새치가 깨소금처럼 섞여 있는 상태.	본래 새치의 분위기를 살리면서 윤기와 탄력을 더하기 위해서 전체의 분위기에 가까운 그레이계열의 헤어매니큐어를 시술한다.	하이라이트를 표면에 시술하고 탑에는 로우라이트를 넣는다. 헤어 컬러에 음영이 생겨 새치가 하이라이트 디자인처럼 돋보인다.	새치를 살린 헤어 디자인에 보라색을 약간 더해서, 화려하고 품위 있는 분위기를 목표로 한다.

「새치 염색을 하지 않는다」에서 「새치에 색을 더하기」위한 방법

새치 염색을 하지 않아서 깨소금 같은 형태!

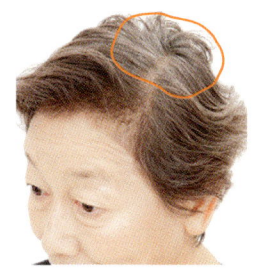 → 역전의 발상! → 새치 「염색을 하지 않는다」에서 새치에 「색을 입히는」 헤어 컬러의 제안 →

새치 염색을 하는 것에 저항이 있는 경우
새치 염색을 한다=「새치가 자랐을 때 뿌리가 보기 흉하다」「염색 후 어두운 인상이 싫다」는 고객은 스트레스가 된다. ✗

↓

새치 염색을 하는 과정도 즐겁다!

モデルデータ

Before

한동안 헤어 컬러를 하지 않았기 때문에, 검은 모발에 새치가 깨소금처럼 섞여 있는 상태.

새치분석

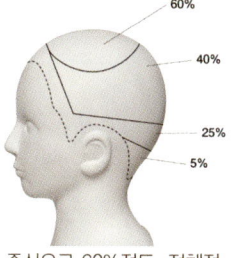

- 60%
- 40%
- 25%
- 5%

탑을 중심으로 60%정도, 전체적으로 골고루 새치가 있다. 네이프의 새치는 비교적 적다.

모발 데이터

머릿결
- 모발양   적다 —— 보통 —— 많다
- 단단함   약하다 —— 보통 —— 단단하다
- 두께   가늘다 —— 보통 —— 두껍다
- 곱슬   없다 —— 보통 —— 강하다

헤어 컬러 빈도 ········ 2개월에 1회
퍼머 ················ 시술 없음
피부 색 ············· 블루 베이스

Step.1

9월 27일

밝다 + 윤기   색은 그대로 윤기는 업

헤어 컬러를 하지 않은 고객에게 첫 제안. 새치의 분위기를 살리기 위해서 같은 계열 색의 헤어매니큐어로 모발색의 이미지를 바꾸지 않고 윤기와 탄력을 플러스.

Base

Before | Point | 시술 전 상태 | Base Cut | Hair design 니노미야 히데노리

한 동안 헤어 컬러를 하지 않은 상태. 탑을 중심으로 60%정도, 전체적으로 골고루 새치가 있다.

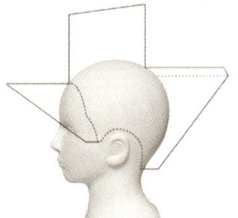

Design plan

헤어매니큐어로 새치를 살린 윤기있는 헤어 컬러

시술 전
검은 모발+새치
헤어 컬러를 하지 않았기 때문에 검은 모발에 새치가 깨소금처럼 섞여 있는 상태.

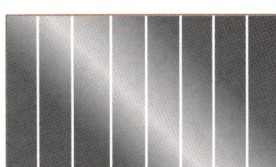

컬러 후
검은 모발+새치+윤기
같은 계열 색의 헤어매니큐어로 새치를 살려 이미지를 바꾸지 않고 윤기와 탄력을 플러스.

Hair color technique

약제 선정
ⓐ신생부 : ARIMINO 『컬러 스토리 OASIC』 S.Gray : Clear : L-N=50:30:7)
ⓑ기존 염색부 : ARIMINO 『컬러 스토리 OASIC』 Clear

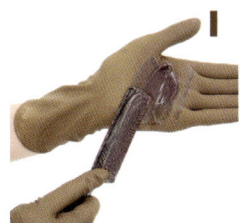

1 손 바닥에 컬러제를 적당량 얹어 콤에 컬러제를 묻힌다.

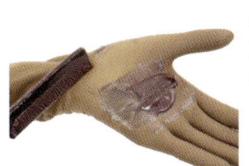

2 콤의 빗살 끝에 뭉쳐진 컬러제를 손 바닥에 훑어 두피에 약제가 닿는 것을 방지한다.

3 뿌리부터 약제를 확실하게 바르기 위해서 두피에서 90도 각도로 콤을 넣는다.

4 두피에 콤이 90도가 되도록 도포. 탑은 패널에서 콤의 각도를 작게 설정한다.

5 모발의 흐름과 역방향으로 빗어 올려 약제를 도포. 뿌리가 올라가서 컬러제가 피부에 닿는 것을 방지할 수 있다.

6 뿌리 전체에 컬러제를 도포했다면 슬라이스의 각도를 바꿔 패널을 나누고, 크로스 체크. 도포가 빠지거나 얼룩이 생긴 부분이 있는지 체크.

7 컬러제 ⓐ에 ⓑ 클리어 헤어매니큐어를 더해서 도포. 탁한 그라데이션을 목표로 한다. 그 후 10분 가온.

Step.2

Platinum Color Design III

11월 29일

새치 + 밝다 + 어둡다 **하이라이트와 로우라이트의 입체 컬러**

하이라이트와 로우라이트를 시술한 입체 컬러로, 계산된 새치 디자인으로.

Base

Before

Point

시술 전 상태
2개월 전에 시술한 실버 그레이계열의 헤어매니큐어가 거의 퇴색되어, 탁한 그레이로 되어 있는 상태.

Base Cut

Hair design 아리무라 마사히로

Design plan

하이라이트와 로우라이트의 콘트라스트로 계산된 새치 디자인

시술 전
새치+기존 염색부(12레벨)
실버 그레이계열의 헤어매니큐어가 거의 퇴색되어 탁한 그레이로 되어 있는 상태.

컬러 후
새치+베이스+
하이라이트+로우라이트
본래 모발의 분위기를 살린 베이스 컬러로 하이라이트와 로우라이트의 콘트라스트가 생겨 입체적인 디자인으로.

Hair color technique

약제 선정
ⓐ하이라이트 : ARIMINO 『아시안 컬러』 120 브리치
ⓑ로우라이트 : ARIMINO 『컬러스토리 i』 3 내츄럴
ⓒ신생부 : ARIMINO 『컬러 스토리 OASIC』 S.Gray : Clear : L-N = 50:30:7
ⓓ기존 염색부: ARIMINO 『컬러 스토리 OASIC』 Clear

Top&Front

1 폭10~20mm, 간폭 10~20mm 랜덤 피치로 위빙을 시술하고, 약제 ⓐ를 뿌리부터 도포. 20mm 간폭으로 헤비 사이드에 3개의 하이라이트를 시술한다.

2 프론트는 모발을 올렸을 때 라인이 생기는 디자인으로 하기 위해서, 두께 5mm의 슬라이싱으로 하이라이트를 넣는다. 3개 시술.

3 탑은 폭20mm, 간폭20mm, 깊이3mm 위빙을 시술하고, 약제 ⓐ를 도포. 하이라이트를 넣는다.

Side
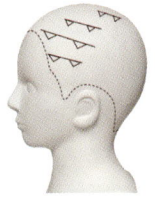

4 ③의 바로 아래에 두께 1mm의 슬라이싱을 시술하고 약제 ⓑ를 도포. 로우라이트를 시술해서 콘트라스트를 넣는다.

5 라이트 사이드·백도 하이라이트를 넣는다. 폭10~20mm, 간폭10~20mm 랜덤한 피치로 위빙을 시술해서 약제 ⓐ를 도포.

Back
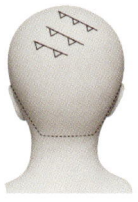

6 호일 사이의 신생부를 리터치. 약제 ⓒ를 콤으로 나누고 두피에 약제가 닿지 않도록 도포한다.

7 전체 리터치가 끝났다면 ⓒ의 약제에 약제 ⓓ의 클리어 헤어매니큐어를 추가해서 머리 끝에 도포한다.

Step.3

1월 17일

새치 + 밝다 + 어둡다 + 색   **탁한 퍼플로 색을 플러스**

페일톤 보라색을 위빙으로 표면에 시술하고, 새치에 색을 더해 화려하고 품위 있는 분위기를 목표로 한다.

Base

Before	Point	시술 전 상태	Base Cut
		2개월 전에 시술한 하이라이트 부분이 퇴색되어 노란색이 생긴 상태. 신생부는 2cm정도.	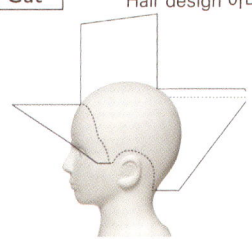

Hair design 아리무라 마사히로

Design plan

퍼플계열의 좁은 하이라이트를 전체에 시술해서 색을 플러스

시술 전		컬러 후
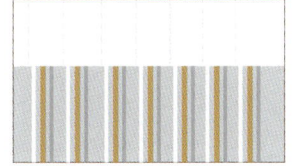		
새치+기존 염색부(14레벨)		새치+베이스+페일 퍼플
2개월 전에 시술한 하이라이트 부분이 퇴색되어 노란색이 나온 상태. 신생부는 2cm정도.		이전 하이라이트와 로우라이트의 디자인을 살리면서 페일 퍼플의 하이라이트를 표면에 넣어 품위 있고 화려한 컬러를 표현했다.

Hair color technique

약제 선정

ⓐ하이라이트 : ARIMINO 『컬러 스토리 OASIC』
　　　　　G.Violet:S.Gray:Clear = 1:10:10
ⓑ신생부 : ARIMINO 『컬러 스토리 OASIC』 S.Gray
ⓒ기존 염색부 : ARIMINO 『컬러 스토리 OASIC』 S.Gray:Clear

Top&Front

1 	탑부터 헤비 사이드 방향으로 폭 10mm, 간폭 15mm의 위빙을 시술한다. 뿌리는 바르지 않고 중간부터 ⓐ를 도포. 하이라이트를 넣는다.	
2 	약제 ⓐ를 뿌리부터 도포. 페일 퍼플 하이라이트를 넣는다.	
3 	짧은 머리이기 때문에 시술중에 호일이 빠지지 않게 작게 접는다.	
4 	탑부터 헤비 사이드 방향으로 두께 1mm의 슬라이스 하이라이트를, 10mm간폭으로 6개 시술한 상태.	
5 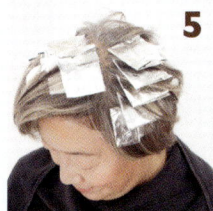	라이트 사이드·백에도 두께 1mm의 슬라이스 하이라이트를 1cm간폭으로 하이라이트를 시술한다.	

Back

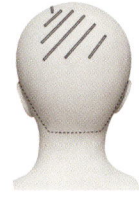

6	탑부터 전체의 신생부를 리터치. 약제 ⓑ를 콤으로 나누고 두피에 약제가 닿지 않도록 뿌리부터 확실하게 도포한다.	**7**  전체 리터치가 종료되었다면 ⓑ의 남은 약제에 약제 클리어 헤어매니큐어를 추가해서 머리 끝까지 도포한다.

75

| Platinum Color Design | **III** | # 새치에 "색을 입히는" 3Step 플랜

Step.1   색감은 그대로 윤기는 업

Step.2   하이라이트와

로우라이트의 입체 컬러 | Step.3 탁한 퍼플로 색을 플러스

새치를 아름답게 "기른다"

Step.1 → Step.2

살린다

내점시 — 시술 1회째 — 2개월 후 내점시

그라데이션

내점시 — 시술 1회째 — 2개월 후 내점시

색을 입힌다

내점시 — 시술 1회째 — 2개월 후 내점시

3Step 디자인

Step.3

시술 2회째　　2개월 후　　시술 3회째

시술 후　　　　내점시　　　　시술 후

Step.3

시술 2회째　　2개월 후　　시술 3회째

시술 후　　　　내점시　　　　시술 후

Step.3

시술 2회째　　2개월 후　　시술 3회째

시술 후　　　　내점시　　　　시술 후

palette of color.
for gray hair.

Chapter 2

새치를 위한 헤어 컬러
기초기술과 이론

기술해설／오쿠라 타카시　이론해설／나카무라 다이스케

새치를 아름답게 디자인하기 위해서는, 헤어 컬러의 기초적인 기술이 필요합니다. 디자인과 아이디어의 폭을 넓히기 위해서 헤어 컬러 디자인의 기초 기술과 이론을 정리하고, 플래티넘 컬러를 표현하는 기술력을 습득해 봅시다.

GRAY HAIR TECHNIQUE
- 제로 테크닉(헤어매니큐어) ……………… 82
- 그레이 헤어·리터치 ……………… 84

BASIC TECHNIQUE
- 원메이크·컬러 ……………… 86
- 패션·리터치 ……………… 88

DESIGN COLOR TECHNIQUE
- 슬라이싱 ……………… 90
- 위빙 ……………… 90
- 호일워크 ……………… 91
- 백 투 백 ……………… 91
- 백콤 ……………… 92
- 발레야쥬 ……………… 93
- 스머징 ……………… 93

DESIGN THEORY
- 피치의 차이에 의한 효과와 특징 ………… 94
- 패널의 차이에 의한 효과와 특징 ………… 95
- 히이라이트의 종류와 효과를 검증 ………… 96
- 하이라이트의 종류와 이미지 ……………… 97

Zero Teque

GRAY HAIR TECHNIQUE 01

제로 테크닉(헤어매니큐어)

제로 테크닉이란, 피부에 약제를 묻히지 않고 뿌리부터 확실하게 도포하는 테크닉을 말합니다. 특히, 헤어매니큐어에 의한 그레이 헤어의 리터치에는 꼭 필요한 기술입니다. 콤에 약제 묻히는 방법(약제 덜어내는 방법), 콤의 각도, 모발의 흐름에 따른 코밍 방법이 중요합니다.

1 약제를 두피에 묻히지 않고 뿌리부터 약제를 도포하기 위해서는, 콤에 약제를 묻히는 것이 포인트. 우선, 손 바닥에 약제를 덜었다면 콤을 문질러 콤 사이에 약제가 확실하게 들어가게 한다.

2 손가락 사이로 콤에 묻은 여분의 약제를 덜어낸다. 그리고 손 바닥의 깨끗한 부분에 콤의 빗살 끝을 도포하는 각도 90°와 같은 각도로 대고, 빗살에서 튀어나온 약제를 닦아낸다.

3 프론트쪽의 파트부터 신생부 리터치 시작. 두피에 약제가 닿는 것을 방지하기 위해서 모발의 흐름과 반대로 모발을 세워 코밍하면서 도포. 이 때, 왼손에도 약제가 묻지 않도록 주의한다.

4 두피에 약제가 묻지 않도록 두피에서 90도로 콤을 넣는다.

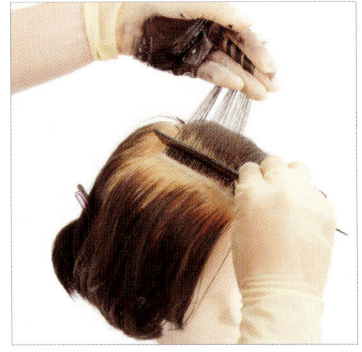
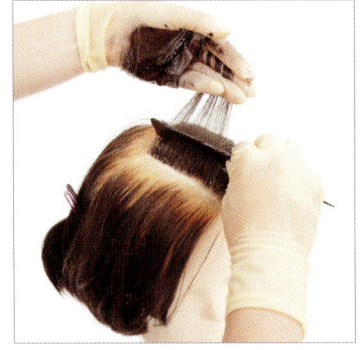
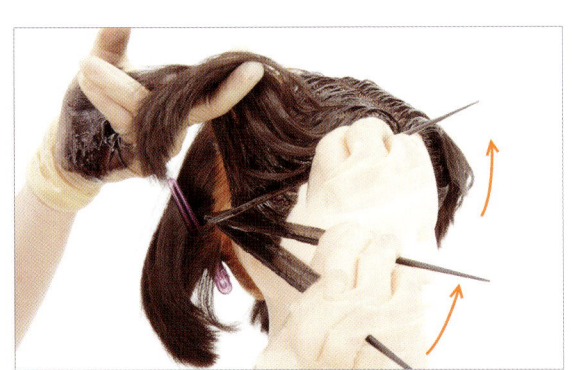

5 다음으로 오른쪽 프론트 블록도 위쪽부터 순서대로 모발의 흐름과 반대로 도포.

6 구레나룻 부분은 모발이 자라는 방향과 반대가 되도록 콤을 움직이면서 도포.

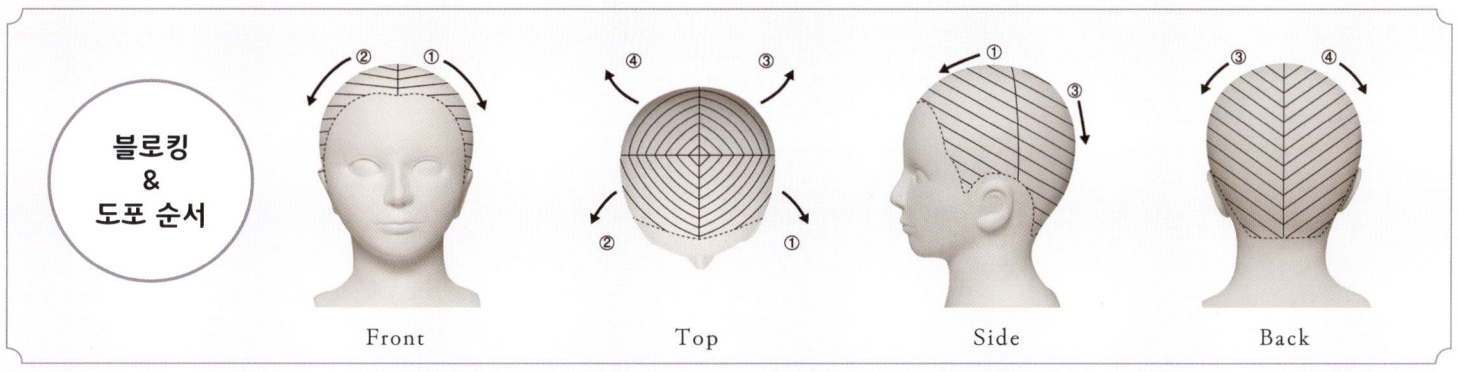

7 페이스 라인은 두피에서 90도로 콤을 넣고 모발 흐름과 반대 방향으로 도포.

8 프론트쪽의 리터치가 끝난 상태.

9 마지막 파트라인부터 프론트쪽으로 1패널, 오버랩시켜 블로킹. 도포가 누락되는 것을 방지한다.

10 탑부터 모발의 흐름과 반대가 되도록 콤으로 목덜미 부분까지 도포.

11 백의 뒤통수 부분은 둥근 골격에 따라 콤을 넣는 각도를 바꾸면서 도포한다.

12 네이프는 모발이 자라는 방향을 보면서 헴 라인의 모발 흐름과 반대가 되도록 콤의 각도를 바꾼다.

13 귀 주위도 헴라인의 모발 흐름과 반대가 되도록 도포하기 위해서 콤의 각도를 바꾼다.

14 크로스 체크. 첫 번째 도포한 슬라이스와는 다른 각도로 슬라이스를 나누어 약제를 도포. 도포가 누락되는 것을 방지한다.

Gray Hair Retouch

GRAY HAIR TECHNIQUE 02

그레이 헤어·리터치

그레이 헤어 리터치는, 성인의 헤어 컬러 기술중에서도 가장 많이 사용되는 기술입니다. 새치의 특성을 이해하고, 약제를 도포하는 순서와 도포량, 솔의 사용 방법에 주의해서, 그레이 헤어의 깔끔한 리터치를 목표로 해봅시다.

1 블로킹 탑 포인트를 지나는 이어 투 이어 파트에서 전체를 앞뒤로 나누어 앞머리는 파트에 맞추고, 뒤쪽은 정가운데선을 중심으로 좌우로 나눈다.

2 솔에 약제를 듬뿍 묻힌다.

3 새치가 돋보이는, 페이스 라인과 파트 등의 블로킹 라인부터 도포를 한다.

4 프론트쪽의 파트부터 신생부의 리터치를 시작. 새치는 검은 모발과 비교해서 두꺼워 약제를 튕겨내기 때문에 듬뿍 도포한다.

5 솔 사용법. 신생부(새치)에 약제를 듬뿍 도포하기 위해서 뿌리는 솔을 눕히는 각도로 터치한다. (솔을 눕힌다)

6 디바이딩 라인 부근은 솔을 세워 약제를 도포해서 기존 염색부와의 오버랩을 방지한다. (솔을 세운다)

7 위에서 아래방향으로 순서대로 가로 슬라이스로 패널을 나누고, 솔의 표면과 안쪽을 사용해서 패널의 앞/뒤쪽에 약제를 도포한다.

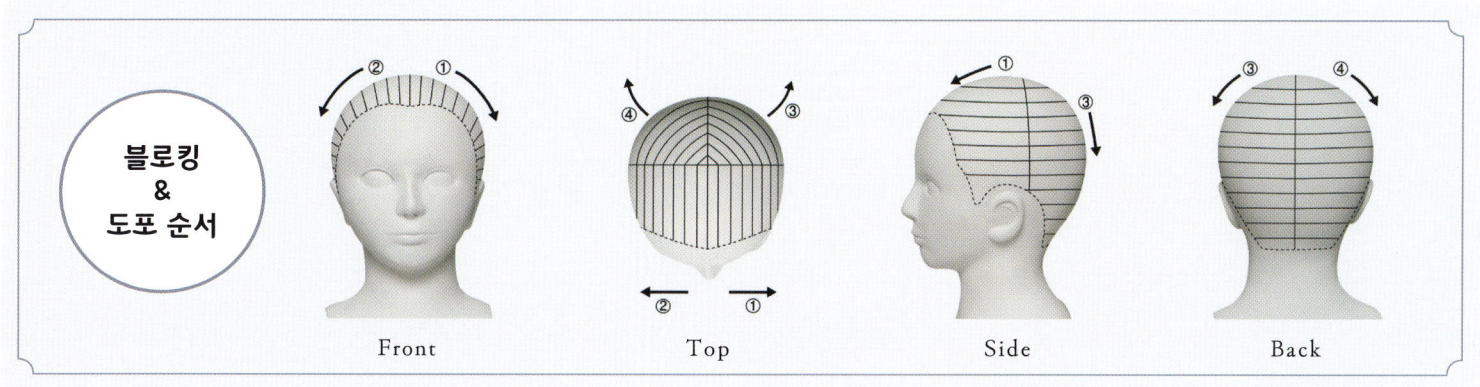

블로킹 & 도포 순서 — Front / Top / Side / Back

8 프론트쪽의 리터치가 종료된 상태.

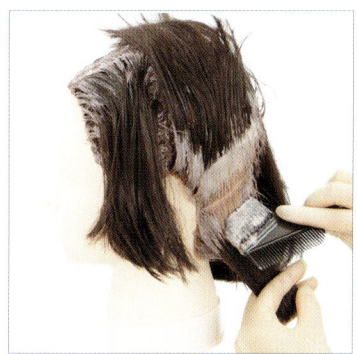

9 좌우 백도 위쪽부터 순서대로 슬라이스를 나누어 약제를 도포한다.

10 백의 리터치가 종료된 상태.

11 크로스체크. 백부터 프론트 방향으로 순서대로 다른 각도의 패널을 나누고, 약제가 흐르지 않도록 도포한다. 크로스 체크에서는 세로 슬라이스로 패널을 나눈다.

12 네이프부터 도포를 시작한다. 가로 슬라이를 좁게 나누고, 뿌리 부분부터 2cm 정도 바르지 않고 남겨 약제를 중간부터 머리끝에 걸쳐 도포.

13 네이프부터 도포를 시작한다. 가로 슬라이를 좁게 나누고, 뿌리 부분부터 2cm정도 바르지 않고 남겨 약제를 중간부터 머리끝에 걸쳐 도포.

BASIC TECHNIQUE 01

원메이크·컬러

새치가 정말 많은 경우, 또는 새치가 거의 없는 경우에 패션 컬러의 베이직 테크닉을 적용하는 경우가 있습니다. 여기에서는, 원메이크·컬러 기본 도포 순서를 해설하겠습니다. 고객의 새치를 살리는 방법을 파악해서, 적절한 시술을 제안해 봅시다.

1 블로킹 우선은 전체를 귀 뒤쪽에서 앞/뒤로 나누고, 정가운데선을 기준으로 좌우로 나눈다. 백은 언더와 미들, 사이드는 정수리 라인에서 상하로 나눈다. 그리고 골든 포인트를 중심으로 역삼각형과 프론트의 중앙을 삼각형으로 나눈다.

2 네이프부터 도포를 시작한다. 가로 슬라이를 좁게 나누고, 뿌리 부분부터 2cm정도 바르지 않고 남겨 약제를 중간부터 머리끝에 걸쳐 도포.

3 네이프도 뿌리는 남겨두고 아래부터 위쪽방향으로 약제를 도포.

4 다음으로 왼쪽 백의 미들 섹션부터 가로 슬라이스로 패널을 나누고 온베이스로 당겨 약제를 도포. 오른쪽 백도 똑같이 도포한다.

5 다음으로 왼쪽 백의 미들 섹션부터 가로 슬라이스로 패널을 나누고 온베이스로 당겨 약제를 도포. 오른쪽 백도 똑같이 도포한다.

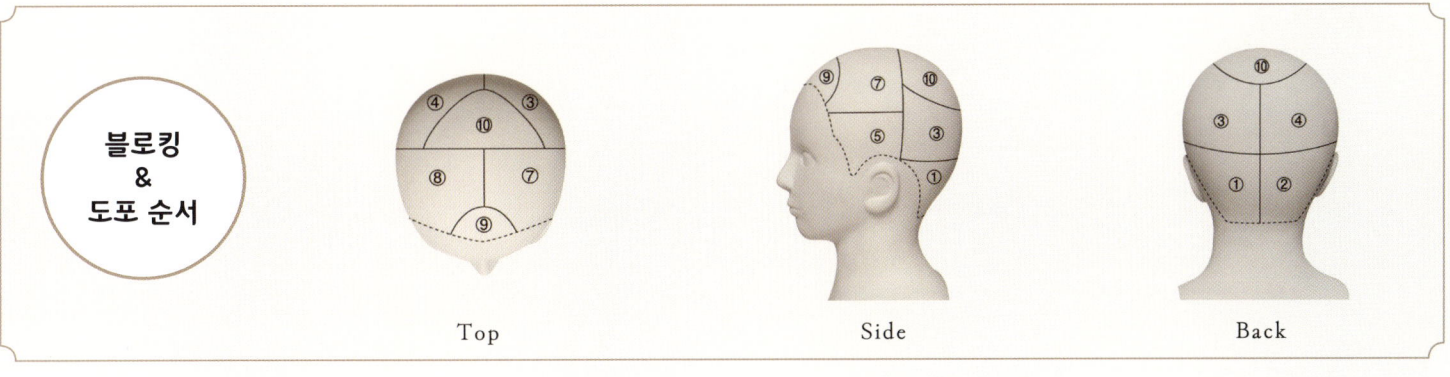

블로킹 & 도포 순서 | Top | Side | Back

6 사이드의 정수리 부분도 아래쪽부터 순서대로 좌우의 블록을 도포한다.

7 프론트 부분에 약제를 도포

새치가 집중되어 있는 부분 대응책

프론트에 많은 경우

새치가 부분적으로 집중되어 있는 경우에는 약제를 바꾸어 도포하기도 한다. 눈에 잘 띄는 프론트는 약제를 듬뿍 도포.

탑에 많은 경우

새치가 탑에 많은 케이스. 새치가 많은 부분에 약제를 바꾸어 듬뿍 도포한다.

8 마지막으로 탑의 블록에 약제를 도포. 뿌리를 2cm 벌려 도포가 끝난 상태. 10분 방치.

9 뿌리 도포. 뿌리에 도포하는 경우에는 아래쪽부터 순서대로 ㅅ자 슬라이스로 패널을 나누어 도포한다.

10 디바이딩 라인부터 뿌리쪽 방향으로 솔을 움직여 약제를 도포한다.

11 약제의 도포가 종료된 상태.

12 크로스 체크. V자 슬라이스로 패널을 나누어 흘러내리지 않도록 잘 도포했다면 원메이크가 종료.

BASIC TECHNIQUE 02

Fashion Retouch

패션·리터치

살롱워크에서는 새치에 대한 대응에 반드시 그레이 헤어 전용 약제와 테크닉을 나누어 사용하지 않습니다. 새치가 적은 경우는 물론, 의도적인 새치의 그라데이션 디자인 등에 따라, 그레이 헤어에 패션·리터치 테크닉을 응용하기도 합니다.

1 블로킹 우선 전체를 귀 뒤쪽에서 앞/뒤로 나누고, 정가운데선을 기준으로 좌우로 나눈다. 백은 언더와 미들, 사이드는 정수리 라인에서 위아래로 나누어 둔다. 그리고 골든 포인트를 중심으로 역삼각형, 프론트의 중앙을 삼각형으로 나눈다.

2 백 언더부터 도포를 시작한다. 5mm 정도로 얇게 설정한 A자 형태의 사선으로 슬라이스를 나누고 디바이딩 라인에 퍼스트 터치. 뿌리쪽 방향으로 솔을 움직여 약제를 도포한다.

3 솔의 표면을 사용해서 구석구석 약제를 도포한다.

4 다음으로 뿌리부터 디바이딩 라인까지 코밍. 약제를 균일하게 구석구석 도포한다. 디바이딩 라인에 약제가 쌓이지 않도록 주의한다.

5 하나의 슬라이스에 도포가 끝난 상태. 뿌리부터 디바이딩 라인까지 약제가 균일하게 듬뿍 발려있는 것을 알 수 있다. 5mm폭 슬라이스로 ②~④의 프로세스를 시술한다.

6 왼쪽 백 부분도 도포가 종료.

7 오른쪽 백도 A자 형태로 5mm폭의 슬라이스를 당긴다. 디바이딩 라인부터 뿌리쪽으로 솔의 앞뒤와 콤을 사용해서 약제를 듬뿍 도포한다. 백의 언더 부분도 도포가 종료.

8 백의 미들섹션도 A자 형태로 5mm폭 슬라이스를 당겨 ②~⑤ 순서로 약제를 도포한다.

도포 순서

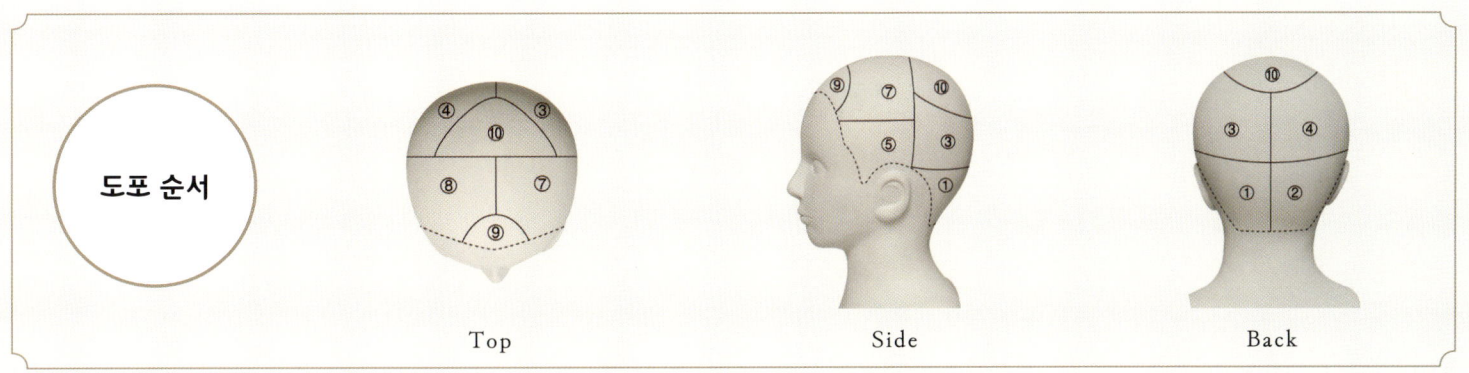

Top　　　　Side　　　　Back

9 다음으로 오른쪽 백의 미들 섹션도 도포. 백의 시술이 종료된 상태.

10 사이드 도포. 나누어 둔 5mm의 슬라이스에 ②~④의 순서로 약제를 도포. 구레나룻 부분은 체온이 낮고 도포가 어렵기 때문에 약제의 도포량을 듬뿍 설정.

11 왼쪽 사이드도 순서대로 약제를 도포.

12 좌우 정수리 윗부분도 똑같이 순서대로 뿌리에 약제를 도포한다.

13 프론트의 삼각형 부분도 디바이딩라인부터 뿌리 방향으로 솔을 움직여 약제를 도포한다.

14 마지막으로 탑에 도포.

15 뿌리쪽으로 약제의 도포가 종료된 상태.

16 크로스 체크. 마지막의 블로킹 라인부터 오버랩시켜 도포. 도포가 어려운 부분은 약제를 듬뿍 도포한다.

17 약제의 반응이 균일해지도록 뿌리부분 도포가 종료되었다면 뿌리를 띄워 방치.

Design Color Technique

DESIGN COLOR TECHNIQUE 01

슬라이싱 / 위빙
호일워크 / 백 to 백

헤어 컬러 디자인을 풍부하게 표현하기 위한 기본 기술이 되는 「슬라이싱」「위빙」기술과 특징을 해설하겠습니다. 그리고 슬라이싱과 위빙으로 나눈 모발에 약제를 부분적으로 도포할 때 알루미늄 호일로 접는 「호일 워크」의 순서도 소개하겠습니다.

슬라이싱

슬라이싱이란, 영어의 『slice (얇게 자른다·얇게 자르는 것)』이 어원으로, 모발을 얇은 형태로 나누는 것입니다. 슬라이스의 두께와 위치·각도에 따라 다양한 디자인을 표현할 수 있기 때문에 디자인 컬러를 시술할 때 기술로서 사용됩니다.

위빙

위빙은 영어의 『weave (엮다, 짜다)』가 어원. 모발을 짜듯이 콤과 테일 콤으로 들어 모발을 줄기 형태로 모아가는 헤어 컬러 테크닉입니다. 디자인 컬러를 시술할 때 모발의 베이스 색에 하이라이트와 로우라이트를 넣기 위한 기술로 사용합니다.

하이라이트란 ?

하이라이트란 브리치와 컬러제를 사용해서 만든 베이스 컬러보다도 밝은 모발을 말합니다. 베이스 컬러와의 명도 차이와 채도 차이, 분량 차이에 의한 이미지 베리에이션은 폭넓고 다양한 표현 방법이 가능해집니다.

로우라이트란 ?

로우라이트란, 하이라이트와는 반대로 약제를 사용해서 만든 베이스 컬러 보다도 어두운 모발을 말합니다. 부분적으로 어두운 색을 넣어 영향을 줌으로써 입체감과 깊이감, 조이는 느낌등을 표현하고 싶을 때 효과적입니다.

호일워크

호일워크란 알루미늄 호일을 사용해서 모발에 약제를 도포 후 접는 기술을 말한다. 주로 위빙과 슬라이싱 등 부분적으로 디자인 컬러를 사용할 때 사용됩니다. 여기에서는 위빙을 사용한 호일 워크의 기술을 설명하겠습니다.

1. 15mm 슬라이스를 나눈다. 왼손으로 패널의 뿌리 부분을 끼우고 칩을 들어 올려 패널을 약간 당기는 느낌으로 한다.

2. 왼손으로 패널을 끼우고 콤으로 뿌리부터 5mm, 간폭 7mm로 모발을 들어 위빙.

3. 칩을 나눈 상태.

4. 들어 올린 모발의 아래에 호일을 댄다.

5. 뿌리는 물이 잘 들기때문에 2cm 정도 간폭으로 솔을 눕혀 확실하게 바른다.

6. 뿌리는 체온이 높고 약제가 침투되어 밝아지기 때문에 솔을 세운 상태에서 약제를 적게 도포한다.

7. 모발끝은 솔을 눕힌 상태에서 약제를 확실하게 도포한다.

8. 호일 접는 방법. 모발의 길이에 따라 다음 위빙 작업에 방해가 되지 않도록 1/2~1/4의 크기로 접는다.

9. 콤의 빗살을 축으로 좌우 끝을 접는다.

10. 위빙을 시술 한 상태. 디자인에 따라 피치를 나누는 방법과 위빙의 배치, 호일의 개수 등을 조정한다.

백 to 백

백to백이란 호일워크(하이라이트or 로우라이트)의 테크닉으로 호일을 2개, 간폭을 벌리지 않고 얇게 만들어 가는 테크닉입니다.

1. 모발을 나누어 두고 호일 워크로 하이라이트를 시술한다.

2. 간폭을 벌리지 않고 바로 아래부터 모발을 나누어 호일 워크로 로우라이트를 시술한다.

3. 하이라이트와 로우라이트를 교대로 넣어 콘트라스트가 잘 나오는 디자인으로.

DESIGN COLOR TECHNIQUE 02

백콤

부분적(모발)으로 자연스러운 그라데이션 디자인 컬러를 시술하고 싶은 경우에 사용하는 「백콤」의 테크닉에 관해서 설명하겠습니다.

| 백콤 |

중간~모발끝에 자연스러운 그라데이션 컬러를 시술 할 수 있는 컬러 테크닉입니다. 백콤(역방향 빗질)에 의해 헤어 컬러 라인의 그라데이션의 효과가 생깁니다.

1 모발을 나눈다.

2 뿌리에 백콤. 이렇게 하면 나누어 둔 모발 속에 약제가 묻는 부분과 묻지 않는 부분이 생겨 컬러의 그라데이션을 만들 수 있다.

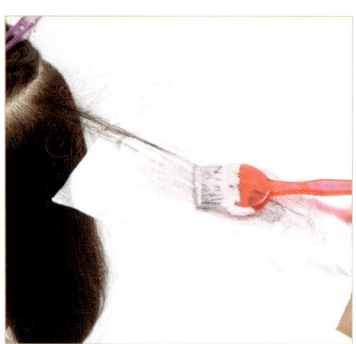

3 백콤 작업을 해둔 뿌리를 제외한 부분에 호일을 대고 컬러제를 듬뿍 도포한다.

4 호일을 2회 접는다.

5 뿌리쪽을 기점으로 한 삼각형이 되도록 오른쪽을 사선으로 접는다.

6 왼쪽도 사선으로 접는다.

7 잡은 호일이 삼각형이 되도록 아래쪽을 접는다.

8 삼각형의 기점을 잡아 뒤쪽으로 비틀어 호일이 빠지지 않도록 한다.

9 종료된 상태.

DESIGN COLOR TECHNIQUE 03

발레야쥬 / 스머징

호일워크보다도 부드러운 줄기형태의 컬러를 시술하고 싶은 경우에 사용하는 「발레야쥬」와 뿌리와 모발끝으로 약제의 도포량을 다르게 하고 싶은 경우에 사용하는 「스머징」의 테크닉을 해설하겠습니다.

발레야쥬

발레야쥬란 프랑스어로 『balayage(빗자루로 청소하다)』라는 의미. 모발의 표면을 솔로 청소하듯이 컬러제와 브리치제를 도포하는 기술입니다. 이 테크닉은 호일워크보다도 선이 옅기 때문에, 부드러운 음영과 입체감을 만들 수 있고, 모발끝 방향으로 밝아지는 그라데이션의 모발도 만들 수 있습니다. 부위와 폭의 설정이 자유롭고 빠르게 시술할 수 있습니다.

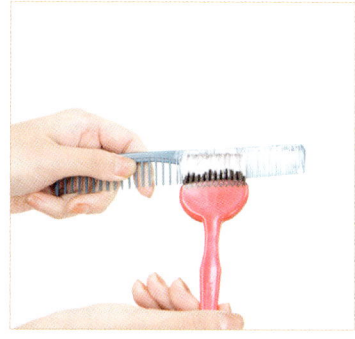

1 마지막으로 콤에 약제를 발라 둔다. 나누어 둔 모발의 표면에 콤을 두고, 솔과 양면으로 도포하기 위해서.

2 솔의 끝쪽을 사용해서 도포하는 모발을 나눈다.

3 솔을 세워 뿌리부분부터 도포를 시작한다.

4 중간~모발끝에 약제를 도포하는 경우에는 모발 아래에 약제를 도포한 콤을 대고 뒤쪽에도 약제가 닿도록 한다. 중간까지는 솔을 세워 약제의 도포량을 조정한다.(그라데이션으로 하기 위해서 약제의 도포량을 억제한다.)

5 모발끝쪽으로 솔을 가로로 두고 약제를 듬뿍 도포한다.

6 코튼을 얹어 싱글핀으로 고정한다.

7 다음은 벽돌 형태로 모발을 나누고, ③~⑤와 똑같이 도포한다.

8 전체에 벽돌 형태의 발레야쥬를 시술한 상태.

발레야쥬

호일안에서 약제의 도포량을 다르게 적용해서 경계를 없애는 기술. 뿌리·중간·모발끝의 부위에 따라 솔의 사용방법을 바꾸는 것이 포인트입니다. 호일 대신 스페츌러를 사용하는 경우도 있습니다.

스페츌러

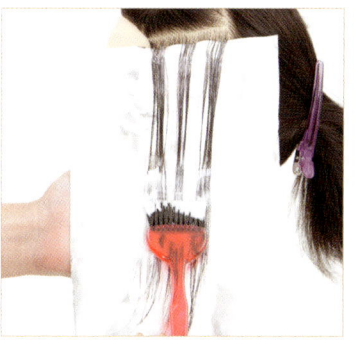

1 뿌리(신생부) : 위빙으로 칩을 나누고 호일을 모발 아래에 끼운 후 솔을 세워 뿌리 부근에 약제를 도포.

2 중간~모발끝 : 솔을 눕혀 약제를 듬뿍 도포.

3 뿌리(신생부)와 중간(기존 염색부)의 경계 : 약제를 바꾼 경우, 솔을 세워 약제를 도포.

DESIGN THEORY 01

피치의 차이에 따른 효과와 특징

위빙으로 표현할 수 있는 디자인 베리에이션은 무한합니다. 칩의 폭과 칩과 칩의 간폭, 깊이, 밝기와 색등을 어떻게 설정하는가에 따라 마무리의 인상이 크게 달라집니다. 여기에서는 베이스가 되는 피치 나누는 방법과 그 특징을 배워보고, 디자인을 생각할 때의 기본에 대해 배워 봅시다.

피치의 베리에이션

베이스가 되는 피치를 나누는 방법과 그 특징을 해설하겠습니다.

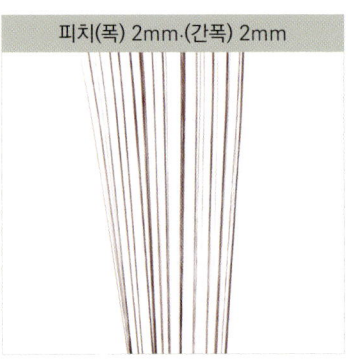
피치(폭) 2mm·(간폭) 2mm
피치를 폭 2mm, 간폭 2mm로 설정. 좁은 스트라이프 디자인이 되기때문에 베이스와 자연스럽게 어우러진다. 하이라이트를 넣는 경우 스트라이프가 전체적으로 밝아 자연스럽게 업되어 있다.

피치(폭) 2mm·(간폭) 4mm
피치를 폭2mm, 간폭 4mm로 설정. 칩의 폭이 좁기 때문에 가는 스트라이프를 소프트한 인상으로 자연스럽게 표현할 수 있다. 전체적인 밝기를 업할 수 있다.

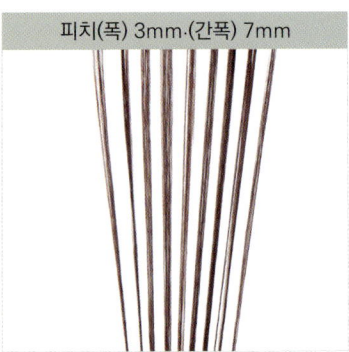
피치(폭) 3mm·(간폭) 7mm
피치를 폭3mm, 간폭 7mm로 설정. 위빙의 기본형으로 자연스러운 입체감과 콘트라스트를 표현할 수 있다. 살롱워크에서 사용 빈도가 높다.

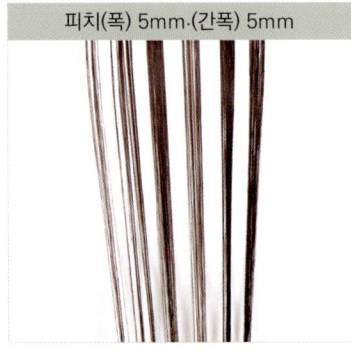
피치(폭) 5mm·(간폭) 5mm
피치를 폭5mm, 간폭5mm로 설정. 하이라이트 라인을 또렷하게 표현하고 싶을 때 사용되는 기본형. 콘트라스트와 모발의 흐름, 움직임을 강조하고 싶은 경우에도 사용.

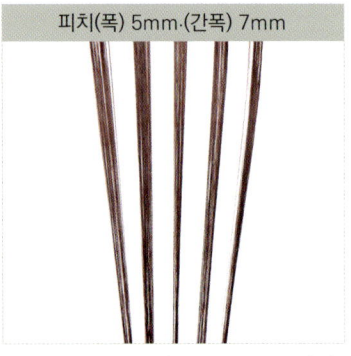
피치(폭) 5mm·(간폭) 7mm
피치를 5mm, 간폭 7mm로 설정. 5mm 5mm보다도 간폭이 넓기 때문에 하이라이트 라인보다 더 또렷하고 화려한 인상의 디자인이 된다.

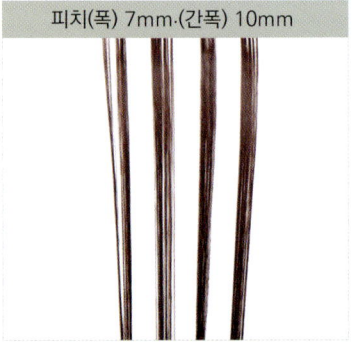
피치(폭) 7mm·(간폭) 10mm
피치를 5mm 간폭 10mm로 설정. 5mm 7mm보다도 간폭이 더 넓기 때문에 하이라이트 라인을 다이나믹하게 표현할 수 있다.

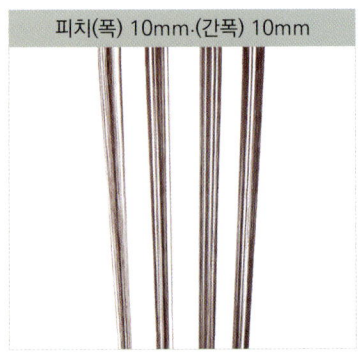
피치(폭) 10mm·(간폭) 10mm
피치를 폭 10mm 간폭 10mm로 설정. 베이스와 또렷한 콘트라스트가 돋보이기 때문에 임팩트가 있고 개성적인 인상의 컬러로 체인지를 할 수 있다.

하이라이트 두께(피치)의 차이와 특징

피치에 따라 다른 컬러 디자인의 특징과 인상을 해설하겠습니다.

좁다
베이스 컬러가 보이는 면적이 넓기 때문에 하이라이트의 라인은 그다지 느껴지지 않는다. 베이스에 밝기를 블랜드한 인상

두껍다
베이스 컬러와 하이라이트와의 콘트라스트가 확실히 구분되어 만들어져 있기 때문에 모발의 흐름이 느껴지고 깊이감과 입체감을 표현할 수 있다. 화려함, 멋짐, 개성적인 인상.

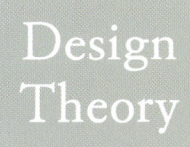

DESIGN THEORY 02

패널의 차이에 따른 효과와 특징

호일의 특징을 바꾸면 하이라이트의 분량을 조정할 수 있습니다. 여기에서는, 하이라이트를 시술 한 호일의 개수 차이가 컬러에 미치는 영향을 배워 봅시다.

호일 개수의 베리에이션

위빙과 슬라이싱은 패널의 수와 배치로 컬러의 효과와 보이는 인상이 달라집니다.

호일의 개수가 많다	호일의 개수가 적다

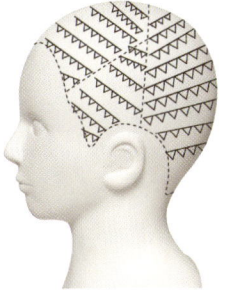

전개도

패널의 간폭을 좁게 설정해서 호일 시술의 개수를 많게 했다. 호일워크에 의한 컬러의 밀도가 높기 때문에 패널에 시술 한 컬러가 전체적으로 영향을 받는다. 마무리는 베이스 컬러와 잘 어울리는 느낌.

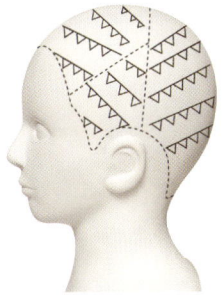

전개도

패널끼리 간폭을 넓게 설정하고 호일을 시술하는 개수를 적게 한다. 호일워크에 의해 컬러의 밀도가 낮기 때문에 패널로 시술한 컬러의 라인이 잘 나온다. 마무리는 베이스 컬러에 스트라이프 형태의 컬러가 떠있는 인상.

하이라이트 분량(호일의 개수)의 차이와 특징

호일의 개수에 따른 컬러 디자인의 특징과 인상을 해설하겠습니다.

많다

하이라이트 분량이 늘어나기 때문에 전체의 명도가 업. 라인과 잘 어우러져 자연스럽고 밝기가 업되었다.

적다

베이스 컬러의 면적이 많기 때문에 밝기에 극단적인 변화는 없지만, 라인이 명확히 보이기 때문에 모발의 흐름을 쉽게 알 수 있고 화려해 보인다.

DESIGN THEORY 03

하이라이트의 종류와 효과를 검증

Design Theory1과 2에서 설명 한 이론을 근거로, 실제로 하이라이트를 시술한 헤어 위그를 이용해 헤어 컬러 디자인과 인상을 검증해 보겠습니다.

같은 호일의 개수에 피치가 다른 경우

피치의 차이에 따른
컬러 디자인의 특징과 인상을 해설하겠습니다.

피치 2mm·2mm

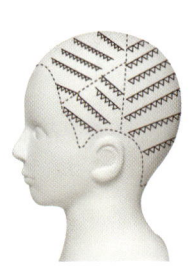

베이스 컬러의 밝기가 자연스럽다. 하이라이트 라인은 그다지 느껴지지 않는다. 내츄럴, 부드럽고 품위 있는 인상.

피치 20mm·20mm

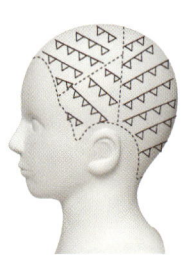

베이스 컬러와 하이라이트의 콘트라스트가 또렷한 것을 알 수 있다. 모발의 흐름을 파악하기 쉽고 깊이감과 입체감이 있다. 화려하고, 멋지고 개성적인 인상.

같은 피치로 호일의 개수가 다른 경우

호일의 개수가 많다
피치 5mm·7mm

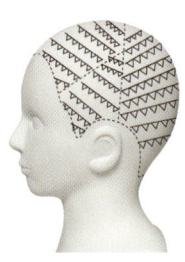

하이라이트의 분량이 늘었기 때문에 전체의 명도가 올라갔다. 라인과 잘 어울린다. 밝고 화려한 인상.

호일의 개수가 적다
피치 5mm·7mm

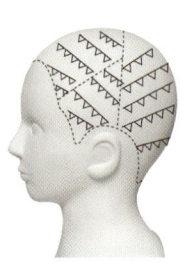

베이스 컬러의 면적이 많기 때문에 명도는 그다지 달라지지 않았다. 모발의 흐름이 자연스럽다. 품위 있고 안정된 분위기.

Design Theory

DESIGN THEORY 04
하이라이트의 종류와 이미지

여성에 어울리는 인상의 헤어 컬러 디자인을 컨트롤하는 것은 매우 중요합니다. 여기에서는 하이라이트의 종류를 4개로 구분하고, 하이라이트의 디자인과 이미지의 관계성을 검증하겠습니다.

적다

하이라이트 : 좁다×적다
라인을 느껴지면서 품위 있는 이미지.
하이라이트의 라인은 잘 보이지만 베이스의 컬러가 메인이 되어 모발의 흐름이 자연스럽게 느껴진다. 화려하지 않고 품위 있는 인상.

하이라이트 : 두껍다×적다
스타일리쉬하고 개성적인 이미지.
하이라이트와 베이스 컬러의 콘트라스트가 가장 잘 보이는 다이나믹한 컬러 디자인. 스타일리쉬하고 개성적인 인상을 준다.

좁다 ← → 두껍다

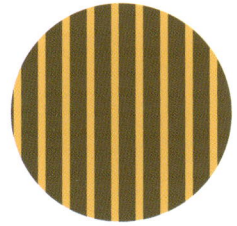

하이라이트 : 좁다×많다
내츄럴하고 소프트한 이미지.
하이라이트의 라인이 좁고 많이 들어가 있는 디자인은, 베이스에 잘 어우러져 전체적으로 밝기가 올라간다. 내츄럴한 인상.

하이라이트 : 두껍다×많다
콘트라스트가 있고 화려한 이미지.
하이라이트의 라인이 두껍기 때문에 모발의 흐름이 잘 보인다. 하이라이트와 베이스 컬러의 콘트라스트가 잘 보이기 때문에 화려한 인상.

많다

Color Platinum

for gray hair

Chapter 3

케이스 스터디로 배워보는
디자인 레시피

플래티넘 컬러의 과정을 알기 쉽게 소개. 모델의 머릿결과 새치 분포도를 시작으로, 디자인의 구성과 사용 약제, 컬러 디자인의 포인트까지 시술에 필요한 정보와 기술을 케이스 스터디 형식으로 배워 보겠습니다. 새치를 위한 기술과 아이디어가 가득합니다.

새치를 살리는 헤어 컬러 기술 ·············· 100

새치의 그라데이션 헤어 컬러 기술 ········ 112

새치에 색을 입히는 헤어 컬러 기술 ······ 118

Platinum Color 새치를 살린다

기술해설 / 오사와 마사유키

새치를 기르면서 헤어 디자인으로 살린 품위 있는 플래티넘 블론드 컬러를 소개하겠습니다.

모델 데이터

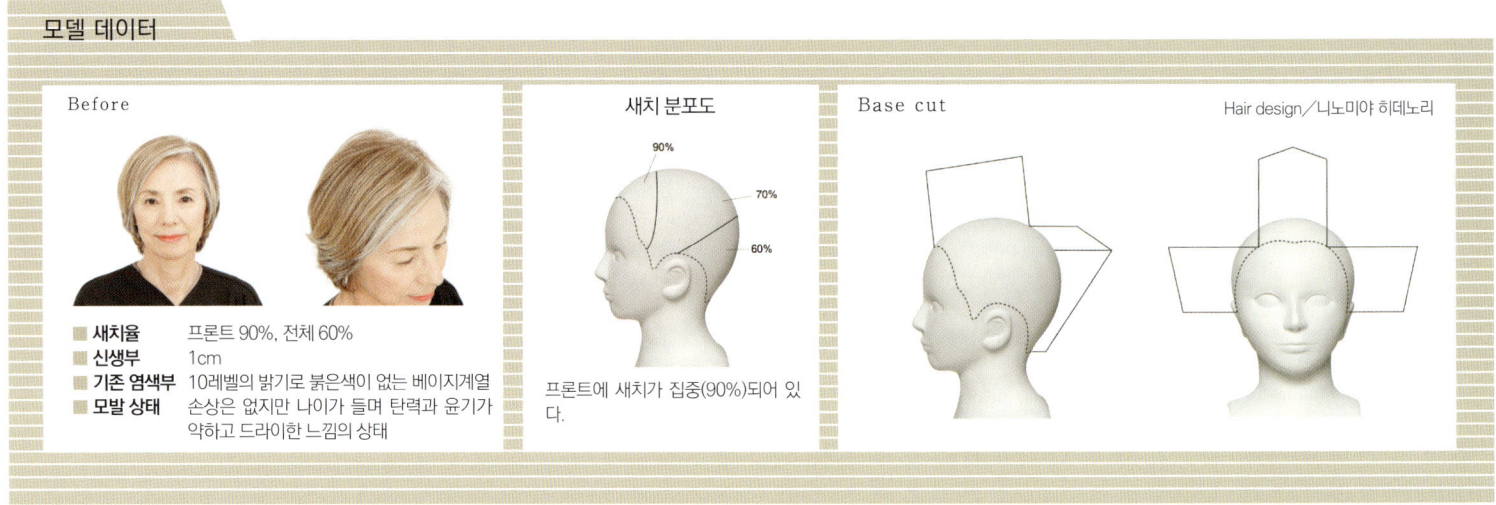

Before
- 새치율: 프론트 90%, 전체 60%
- 신생부: 1cm
- 기존 염색부: 10레벨의 밝기로 붉은색이 없는 베이지계열
- 모발 상태: 손상은 없지만 나이가 들며 탄력과 윤기가 약하고 드라이한 느낌의 상태

새치 분포도
프론트에 새치가 집중(90%)되어 있다.

Base cut — Hair design / 니노미야 히데노리

디자인 구성

사용 테크닉

Slicing — DESIGN COLOR TECHNIQUE 01
슬라이싱(하이라이트)

Weaving — DESIGN COLOR TECHNIQUE 01
위빙(로우라이트)

GrayHair Retouch — GRAY HAIR TECHNIQUE 02
그레이헤어·리터치

Other Technique — OTHER TECHNIQUE
모발끝을 솔로 바르기(헤어매니큐어)

호일 배치

HL 120mm 3mm
LL 10mm 3mm 10mm

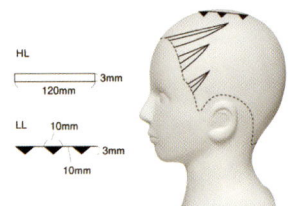 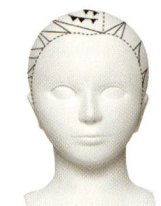 
Side   Front   Top

플래티넘 포인트

프론트 중심으로 자라고 있는 새치를 기르면서 디자인으로 살리는 테크닉. 새치 부분에 클리어 헤어매니큐어를 도포하고, 하이라이트로 컬러를 구성. 헤어매니큐어로 윤기와 탄력을 높인다. 표면에는 7레벨의 브라운계열의 컬러로 로우라이트를 시술하고 컬러 디자인으로 음영을 플러스한다.

사용 약제

ⓐ 하이라이트 : 로레알 프로페셔널 『뉴안셀 세라케어』 클리어
ⓑ 로우라이트 : 로레알 프로페셔널 『알루리아 그레이』 7쿨 브라운:5매트 브라운=1:1(OXY3.7%)
ⓒ 신생부 : 로레알 프로페셔널 『알루리아 그레이』 9매트 브라운(OXY6%)
ⓓ 기존 염색부 : 로레알 프로페셔널 『뉴안셀 세라케어』 클리어

헤어케어 기술

1. 새치를 살린 디자인으로 새치를 기르기 위한 기술. 두께 5mm 슬라이스로 새치 부분을 나누고, 뿌리부터 약제 ⓐ를 도포. 클리어의 헤어매니큐어로 새치를 하이라이트로 살린다.

2. 왼쪽 프론트의 새치에 슬라이싱으로 약제 ⓐ를 도포. 하이라이트 시술이 종료.

3. 오른쪽 프론트도 새치 부분을 두께 5mm 슬라이스로 조심스럽게 나누고, ⓐ를 뿌리부터 도포. 디자인의 폭에 맞춰 슬라이스 폭을 변경.

4. 탑에는 폭 10mm, 간폭 10mm, 깊이 3mm의 위빙을 시술하고 신생부를 남겨 약제 ⓑ를 도포. 로우라이트를 시술한다.

5. 탑 등 모발이 짧은 부분은 호일을 평소보다 작게 접어 다른 시술이 잘 이어지도록 한다.(이번의 경우 이후 리터치 시술로 호일이 벗겨지는 것을 방지한다.)

6. 뿌리를 그레이·리터치. 신생부에 약제 ⓒ를 도포.

7. 로우라이트 부분의 뿌리에도 약제 ⓒ를 도포한다. 다만 하이라이트를 시술 한 ①~③의 부분(새치가 자라는 부분)에는 ⓒ를 도포하지 않는다.

8. 프론트 부분도 하이라이트 시술 부분 이외의 신생부에 ⓒ를 도포.

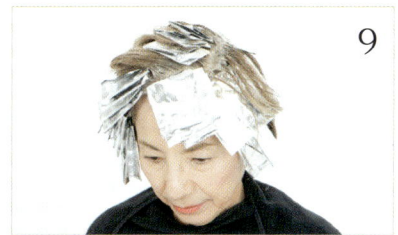
9. 뿌리의 리터치가 종료된 상태.

10. 다음으로 기존 염색부의 중간~모발끝 부분에 약제 ⓓ를 도포. 헤어매니큐어의 클리어를 도포해서 기존 염색부의 퇴색된 컬러의 밝기를 살리면서 윤기와 탄력감을 업시킨다.

11. ⓓ의 도포가 종료된 상태.

12. 전체 도포가 종료되었다면 약제가 마르지 않도록 파트 부분에 페이퍼를 붙인다. 랩을 씌워 15분 자연 방치.

 ## 완성

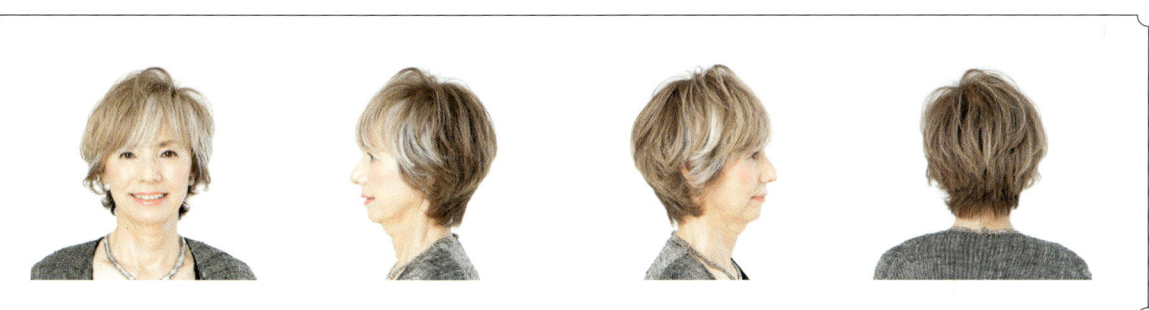

Platinum Color 새치를 살린다

기술해설 / 나카무라 다이스케

프론트에 집중되어 있는 새치를 살려 하이라이트 디자인으로. 포인트로 베이비 핑크를 액센트 컬러로 시술하고, 품위 있고 화려한 분위기의 헤어 컬러를 제안합니다.

모델 데이터

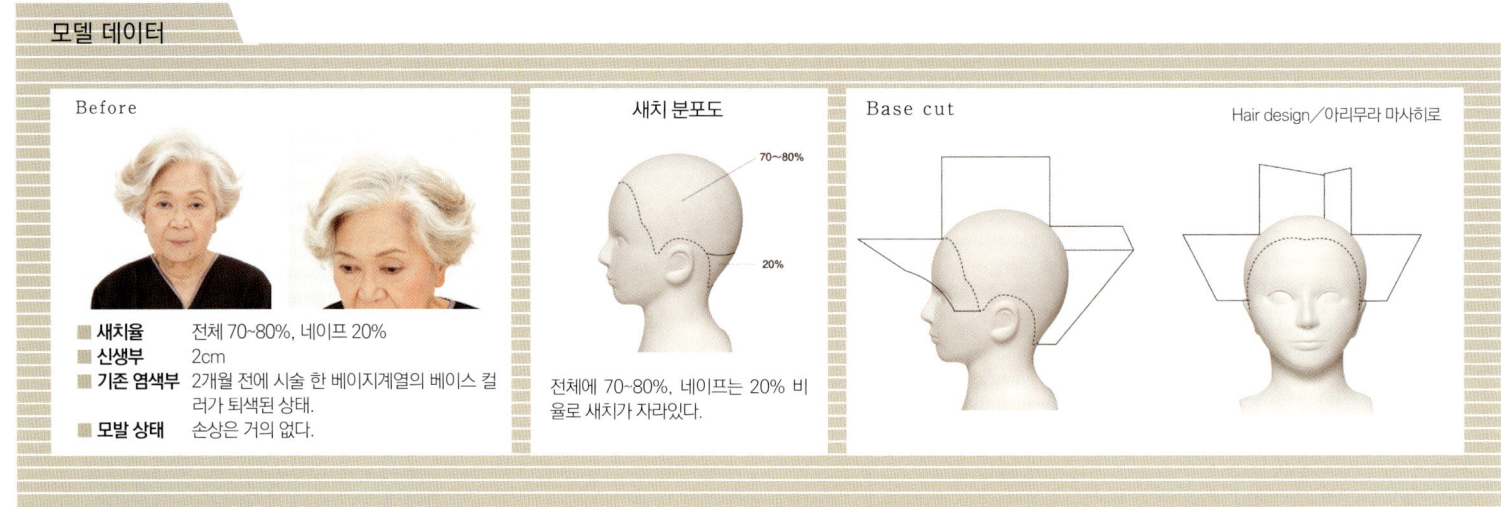

- **새치율**: 전체 70~80%, 네이프 20%
- **신생부**: 2cm
- **기존 염색부**: 2개월 전에 시술 한 베이지계열의 베이스 컬러가 퇴색된 상태.
- **모발 상태**: 손상은 거의 없다.

전체에 70~80%, 네이프는 20% 비율로 새치가 자라있다.

Hair design / 아리무라 마사히로

디자인 구성

사용 테크닉

 Slicing — DESIGN COLOR TECHNIQUE 01
슬라이싱(하이라이트)

 **Smudging** — DESIGN COLOR TECHNIQUE 03
스머징

 **Gray Hair Retouch** — GRAY HAIR TECHNIQUE 02
그레이헤어·리터치

플래티넘 포인트

프론트에 집중되어 있는 새치를 살리고 자라도 눈에 잘 띄지 않아 하이라이트 디자인으로 즐길 수 있는 헤어 컬러로. 베이비 핑크 하이라이트를 액센트 컬러로 시술해서 품위있는 분위기에 화려한 인상을 더한다.

호일 배치

핑크 / 클리어 / 클리어) 1세트
두께 5mm의 슬라이스

Top

사용 약제

ⓐ 하이라이트 : Wella 『컬러 프레쉬』 매니큐어·클리어
ⓑ 하이라이트(핑크) : Wella 『콜레스톤 퍼펙트』 14/45:14/00=5:1(OX6%)
ⓒ 신생부 : Wella 『콜레스톤 퍼펙트』 9/07:10/7=2:1(ox6%)

헤어케어 기술

1. 프론트에 집중되어 있는 새치를 살린 헤어 컬러 디자인으로 하기 위해서, 새치가 특히 집중되어 있는 프론트 부분을 블로킹.

2. 블로킹 한 프론트 부분부터 두께 1mm의 슬라이스를 나누고 ⓐ의 클리어 헤어매니큐어를 도포. 하이라이트로서 새치를 살린다.

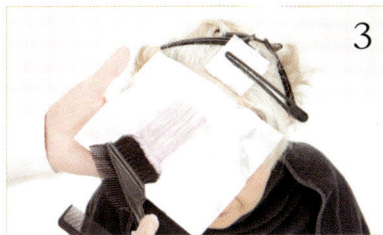

3. 두께 1mm의 슬라이싱을 시술하고 약제 ⓑ를 도포. 우선은 모발끝에 약제를 확실하게 도포한다. 베이비 핑크의 하이라이트를 넣는다.

4. 다음으로 컬러의 경계를 자연스럽게 하기 위해서 솔을 세워 중간 부분에 도포.

5. 그라데이션 형태로 베이비 핑크의 하이라이트를 넣기 위해서 스머징. 스타일링으로 프론트를 올렸을 때 하이라이트 핑크 컬러가 자연스럽게 들어가도록 뿌리에는 약제를 도포하지 않는다(슬라이스 위치보다 뿌리부터 넣는 경우도 있다).

6. 약제 ⓐ의 클리어 헤어매니큐어를 도포 한 슬라이싱 2개와 약제 ⓑ의 베이비 핑크를 도포 한 슬라이싱 1개를 셋트로 해서 프론트에 하이라이트를 시술한다.

7. 반대 프론트도 두께 1mm 슬라이싱으로 ⓐ를 도포 한 슬라이싱 2개와 ⓑ를 도포 한 슬라이싱 1개를 셋트로 하이라이트 시술을 한다.

8. 하이라이트 시술이 종료된 상태.

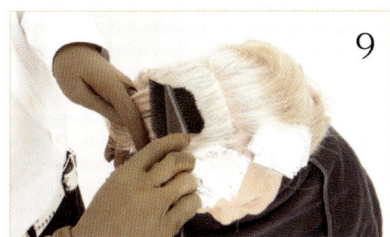

9. 뿌리의 그레이 리터치. 탑부터 약제 ⓒ의 베이스 컬러를 도포한다.

10. 하이라이트를 넣은 호일의 끝 부분은 5mm 정도의 간폭을 벌려 약제 ⓒ를 도포. 프론트의 하이라이트 뿌리 부분에 베이스 컬러가 부착되는 것을 방지한다.

11. 그레이 리터치가 끝났다면 20분 방치. 신생부에 도포된 약제를 콤으로 모발끝 방향으로 펴서 그라데이션 형태가 되도록 모발끝에 약제를 넣는다.

12. 도포가 끝난 상태.

 ## 완성

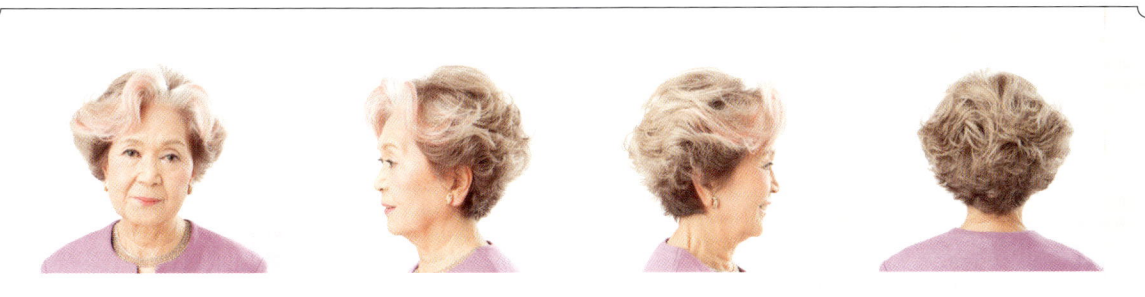

Platinum Color
새치를 살린다

기술해설 / 오야마다 후미코

백to백으로 하이라이트와 로우라이트를 대담하게 시술하고, 콘트라스트 효과가 있는 스타일리쉬한 중년의 헤어 컬러를 제안하겠습니다.

모델 데이터

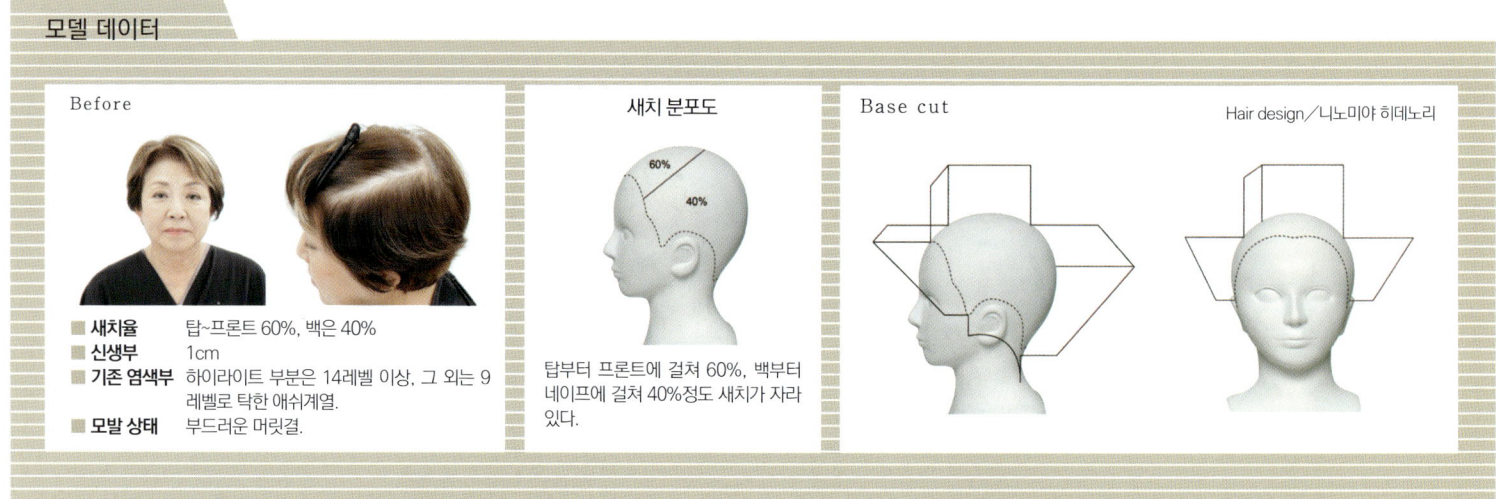

Before
- 새치율: 탑~프론트 60%, 백은 40%
- 신생부: 1cm
- 기존 염색부: 하이라이트 부분은 14레벨 이상, 그 외는 9레벨로 탁한 애쉬계열.
- 모발 상태: 부드러운 머릿결.

새치 분포도: 탑부터 프론트에 걸쳐 60%, 백부터 네이프에 걸쳐 40%정도 새치가 자라 있다.

Base cut — Hair design / 니노미야 히데노리

디자인 구성

사용 테크닉

Slicing — DESIGN COLOR TECHNIQUE 01
슬라이싱(로우라이트)

Back to Back — DESIGN COLOR TECHNIQUE 01
백to백(하이라이트)

GrayHair Retouch — GRAY HAIR TECHNIQUE 02
그레이헤어·리터치

플래티넘 포인트

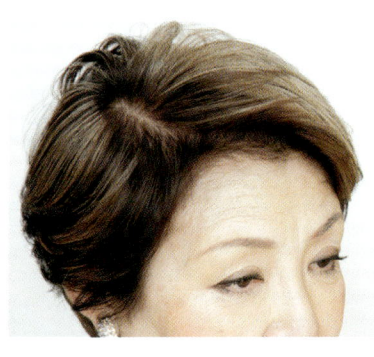

하이라이트와 로우라이트로 콘트라스트를 백to백으로 대담하게 시술하고, 움직임이 있는 헤어 컬러를 제안한다. 특히 하이라이트는 새치와 같은 정도의 밝기로 설정해서 프론트의 새치가 자라도 눈에 잘 띄지 않도록 한다. 모발에 부담과 손상을 줄이기 위해서 하이라이트와 로우라이트 이외에는 뿌리만 리터치.

호일 배치

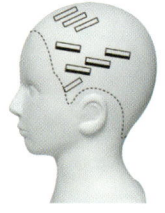 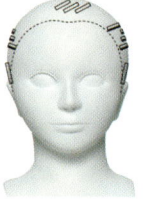 

Side　　　Front　　　Top

사용 약제

ⓐ로우라이트 : LebeL/TakaraBelmont『마테리아G』Be-6G(OX6%)
ⓑ하이라이트 : LebeL/TakaraBelmont『루베르 플래티나 브리치』(OX6% X3)
ⓒ신생부 : LebeL/TakaraBelmont『마테리아G』MT-7G(OX6%)

헤어케어 기술

1. 모발이 잘 쌓이는 부분을 제외하고 얇게 설정한 두께 2mm의 슬라이스를 나누고, 호일을 모발의 아래에 끼운다.

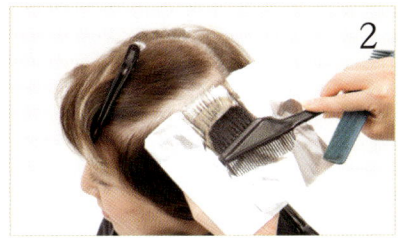
2. 신생부는 바르지 않고 남겨 두고, 약제 ⓐ를 도포. 로우라이트를 넣는다.

3. 다음 시술에 방해가 되지 않도록 호일을 작게 접어 둔다.

4. 백to백에 로우라이트의 위쪽에 슬라이스를 나누고, 뿌리부터 약제 ⓑ를 도포. 하이라이트는 뿌리부터 시술한다.

5. 밝고 화려한 인상으로 만들기 위해서 가장 눈에 띄는 프론트 부분에는 하이라이트를 넣는다. 약제가 잘 침투되도록 슬라이스를 얇게 나눈다.

6. 디자인 요소에 백to백에서 하이라이트와 로우라이트를 겹쳐 바른다. 헤비 사이드의 시술이 종료.

7. 라이트 사이드도 모발이 잘 쌓이는 부분을 제외하고 두께 2mm의 슬라이스를 나누고, 디바이딩 라인부터 모발끝에 걸쳐 약제 ⓐ를 도포. 로우라이트를 넣는다. 신생부는 바르지 않고 남긴다.

8. 백to백에서 로우라이트 위쪽에 슬라이스를 나누고, 라이트 ⓑ를 시술한다. 디자인의 요소에 백to백에서 하이라이트와 로우라이트를 겹쳐 넣는다.

9. 하이라이트와 루우라이트의 시술이 종료된 상태.

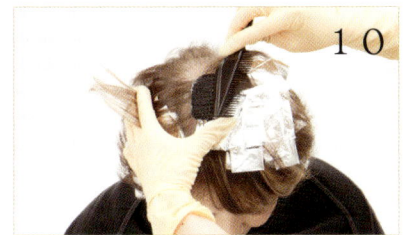
10. 뿌리 리터치. 파트부터 순서대로 약제 ⓒ를 도포. 전체를 리터치한다.

11. 로우라이트를 시술, 남겨 둔 호일의 뿌리 부분에도 약제 ⓒ를 확실하게 도포 후 리터치한다.

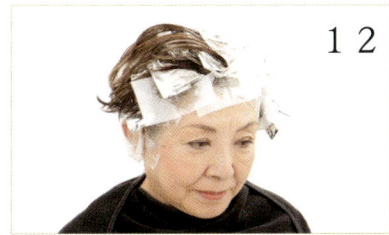
12. 뿌리 전체의 리터치가 종료되었다면 새치가 올라오는 것을 눌러 약제의 침투를 촉진시키기 위해서 파트와 프론트의 가장자리에 페이퍼를 붙인다. 랩을 씌워 20분정도 자연 방치한다.

 완성

 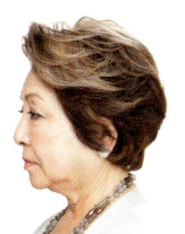 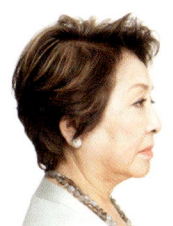 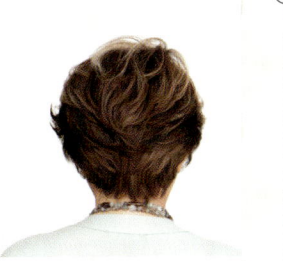

Platinum Color 새치를 살린다

기술해설 / 나카무라 다이스케

새치가 자라도 자연스럽게 블랜드되는 페일 톤의 핑크로 하이라이트 시술을 해서 소프트한 인상을 만든다. 로우라이트로 음영을 넣은 믹스 컬러를 시술하겠습니다.

모델 데이터

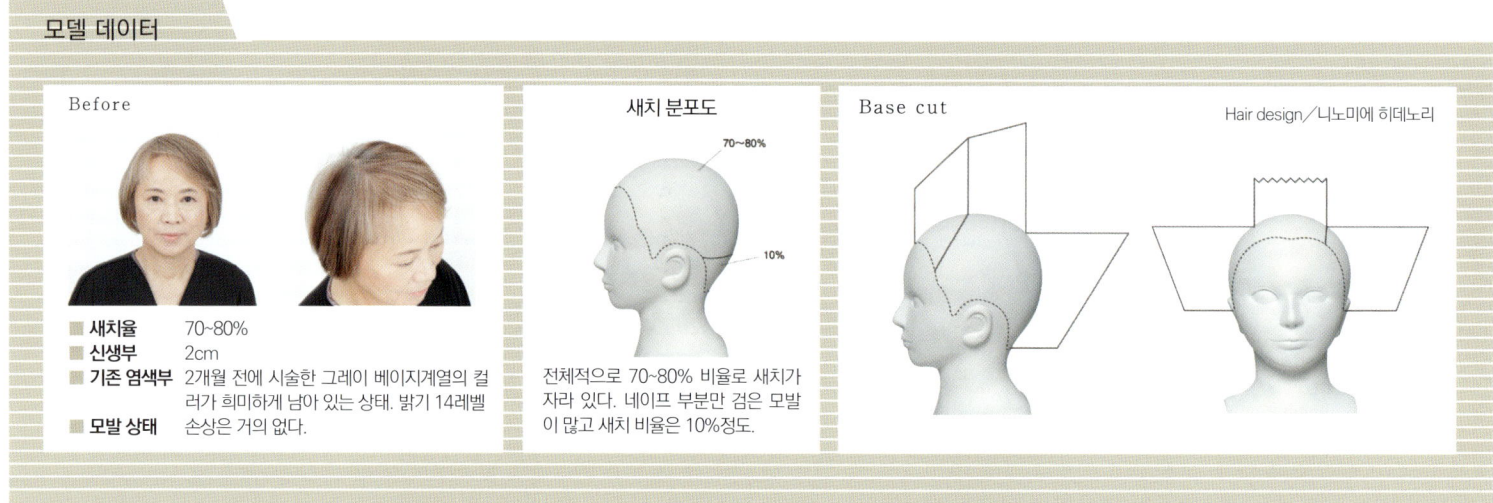

Before
- 새치율: 70~80%
- 신생부: 2cm
- 기존 염색부: 2개월 전에 시술한 그레이 베이지계열의 컬러가 희미하게 남아 있는 상태. 밝기 14레벨
- 모발 상태: 손상은 거의 없다.

새치 분포도
전체적으로 70~80% 비율로 새치가 자라 있다. 네이프 부분만 검은 모발이 많고 새치 비율은 10%정도.

Base cut / Hair design / 니노미에 히데노리

디자인 구성

사용 테크닉

- **Slicing** — DESIGN COLOR TECHNIQUE 01
  슬라이싱(하이라이트)

- **Slicing** — DESIGN COLOR TECHNIQUE 01
  슬라이싱(로우라이트)

- **GrayHair Retouch** — GRAY HAIR TECHNIQUE 02
  그레이헤어·리터치

호일 배치

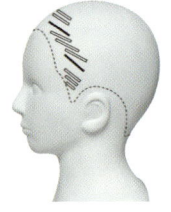  

Side　　Back　　Top

플래티넘 포인트

로우라이트로 만들어 낸 음영과 하이라이트의 페일 핑크, 기존 염색부의 그레이 베이지가 자연스럽게 블랜드되도록 시술한 컬러 디자인. 어느 부분에서 봐도 믹스 컬러의 형태를 알 수 있도록 모발의 흐름과 모발양을 고려해서 슬라이스 배치와 양을 설정했다. 새치를 "살린다" "그라데이션" "색을 입힌다"의 요소가 모두 들어가 있다.

사용 약제

ⓐ 로우라이트 : LebeL/TakaraBelmont『마테리아G』WB-6G(OX6%)

ⓑ 하이라이트 : LebeL/TakaraBelmont『마테리아』Be-10:R-10:P-12=2:1:3(OX6%) *12Lv이상은 OXY 2배

ⓒ 신생부 : LebeL/TakaraBelmont『마테리아G』WB-9G:MT-10 Be-8=1:1:1 (OX6%)

헤어케어 기술

1. 음영을 넣기 위해 이전 시술에 따라 전체에 로우라이트를 시술한다. 두께 1mm의 슬라이스를 나눈다.

2. 약제 ⓐ를 도포하고, 로우라이트를 넣는다. 신생부에 약제를 듬뿍 도포했다면 호일을 접는다.

3. ②의 바로 아래에 같은 1mm슬라이스를 나누고 약제 ⓐ를 도포. 약제를 확실하게 도포하기 위해서 슬라이스를 얇게 설정하고, 2개 1조로 로우라이트 시술을 한다.

4. 헤비 사이드와 탑, 백도 약제 ⓐ를 도포. 전체에 2개 1조mm 슬라이스에 로우라이트를 넣고, 음영을 넣은 디자인을 시술한다.

5. 전체에 로우라이트를 넣은 상태.

6. 다음으로 두께 1mm의 슬라이스를 로우라이트와 같은 각도로 나눈다. 뿌리의 신생부에는 약제를 바르지 않고 남겨두고, 중간~모발끝에 걸쳐 약제ⓑ를 도포. 페일 핑크의 하이라이트를 1개 넣는다.

7. 뿌리의 리터치를 쉽게 할 수 있도록 호일을 뿌리부터 엇갈리게 해서 약제를 도포한 부분만 호일에 올려 둔다.

8. 헤비 사이드와 탑, 백에도 약제 ⓑ를 도포. 슬라이싱으로 하이라이트를 전체에 넣고, 부드러운 페일 톤의 느낌을 헤어 디자인에 시술한다.

9. 슬라이싱에 의한 하이라이트와 로우라이트의 시술이 종료.

10. 뿌리 리터치. 탑부터 순서대로 디바이딩 라인으로 넘어가지 않도록 약제 ⓒ를 도포. 뿌리를 리터치한다.

11. 슬라이싱으로 남겨 둔 하이라이트의 뿌리 부분에도 약제 ⓒ를 도포해서 그레이 터치.

12. 새치가 올라오는 것을 막고 약제의 침투를 촉진시키기 위해서 파트와 프론트의 머리 가장자리에 페이퍼를 붙인다. 그 후, 20분정도 자연방치.

 완성

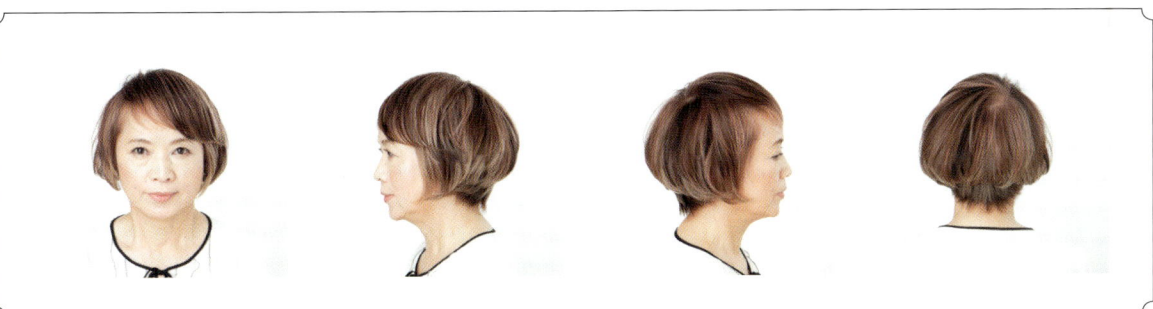

Platinum Color 새치를 살린다

기술해설 / 나카무라 다이스케

새치를 하이라이트 디자인으로 한 쿨 컬러로 스타일리쉬한 헤어 컬러를 제안. 콘트라스트가 효과적인 컬러 디자인으로, 새치가 자라도 자연스럽게 어울리는 디자인을 소개하겠습니다.

모델 데이터

Before

- 새치율: 전체 5%, 얼굴주위 20%
- 신생부: 3cm
- 기존 염색부: 화이트 브리치로 흰색 그대로.
- 모발 상태: 하이라이트 부분에 손상이 있다.

새치 분포도

얼굴 주위는 20%, 전체에는 5%의 비율로 새치가 자라 있다.

Base cut

Hair design / 이마이 히데오

✦ 디자인 구성

사용 테크닉

 Weaving — DESIGN COLOR TECHNIQUE 01
위빙(하이라이트)

 Slicing — DESIGN COLOR TECHNIQUE 01
슬라이싱(하이라이트)

 Slicing — DESIGN COLOR TECHNIQUE 01
슬라이싱(로우라이트)

호일 배치

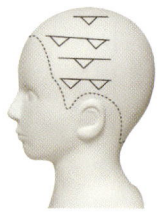  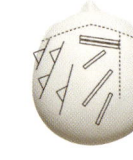

Side　　Back　　Top

✦ 플래티넘 포인트

프론트에 집중되어 있는 새치가 잘 어우러지도록 전체적으로 덩어리진 느낌의 형태가 되도록 실버계열로 하이라이트를 시술한다. 밸런스를 보고 시술되어 있는 하이라이트 부분을 없앤다. 스타일리쉬하고 콘트라스트 효과가 있는 컬러 디자인으로.

✦ 사용 약제

ⓐ하이라이트 : ARIMINO 『아시안컬러』 120브리치(OX6%)
ⓑ로우라이트 : ARIMINO 『컬러스토리i』 3Natural(OX6%)

헤어케어 기술

1. 얼굴 주위의 새치가 돋보이지 않도록 넓은 하이라이트를 매쉬형태로 시술한다. 우선 폭 30mm, 깊이 30mm 큰 덩어리 형태의 삼각형 칩을 나눈다.

2. 색소를 완전하게 없애기 위해서 약제 ⓐ를 도포한다. 하이레이어로 모발이 짧기 때문에 단차를 고려해서 약제를 뿌리에는 도포하지 않는다.

3. 뿌리에 약제가 묻는 것을 방지하기 위해서 호일은 2개를 접는다.

4. 헤비 사이드부터 큰 덩어리형태의 삼각형 칩을 나누고, 하이라이트를 시술 한 상태. 반대 사이드도 똑같이 시술 후 필요한 부분에 하이라이트를 시술한다.

5. 프론트 시술. 하이라이트를 시술하지 않은 부분부터 모발을 가늘게 나눈다.

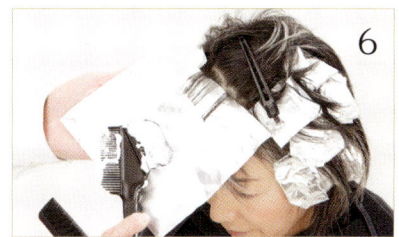

6. ⑤에서 들어 올린 모발에 약제 ⓐ를 도포. 프론트 부분은 패널을 사선으로 나누고, 스타일링으로 앞머리를 올렸을 때 하이라이트가 깔끔해 보이도록 뿌리부터 약제를 도포한다.

7. 백 시술. 네이프는 폭 30mm, 깊이 30mm의 큰 덩어리 형태의 칩을 나누어 약제 ⓐ를 시술한다.

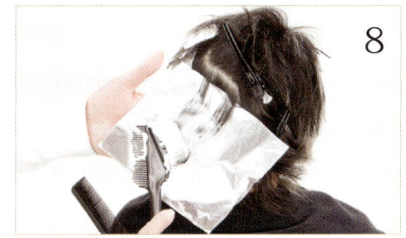

8. 윗부분은 작은 칩을 위빙으로 나누고, 아랫부분보다 좁은 하이라이트를 넣는다.

9. 탑은 모발의 흐름과 같은 각도로 슬라이스를 나누고 약제 ⓐ를 도포. 하이라이트를 시술한다.

10. 디자인 밸런스를 고려해서 이전 하이라이트를 없애야 하는 경우도 있다.

11. 없애고 싶은 하이라이트 부분에 약제 ⓑ를 도포. 로우라이트를 넣는다.

12. 하이라이트 도포가 종료된 상태. 실버계열의 화이트 브리치를 시술하기 위해서 색의 도포방법에 따라 2프로세스로 나뉘는 경우도 있다.

완성

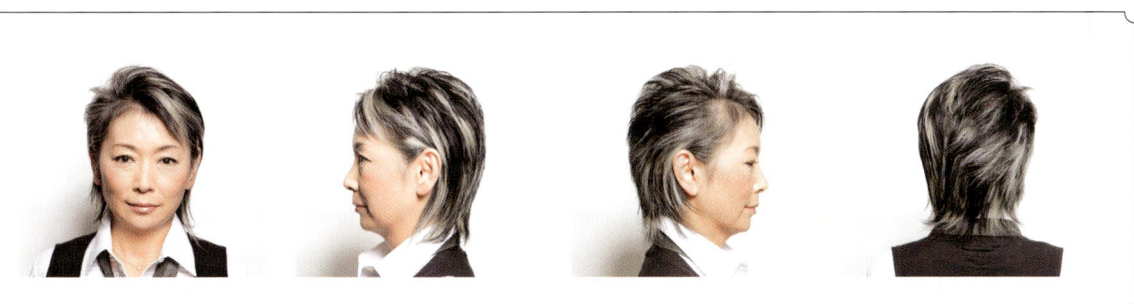

Platinum Color 새치를 살린다

기술해설 / 오사와 마사유키

백to백과 섹션 컬러로 구성된 그라데이션 효과가 좋은 디자인 컬러 테크닉을 제안하겠습니다.

모델 데이터

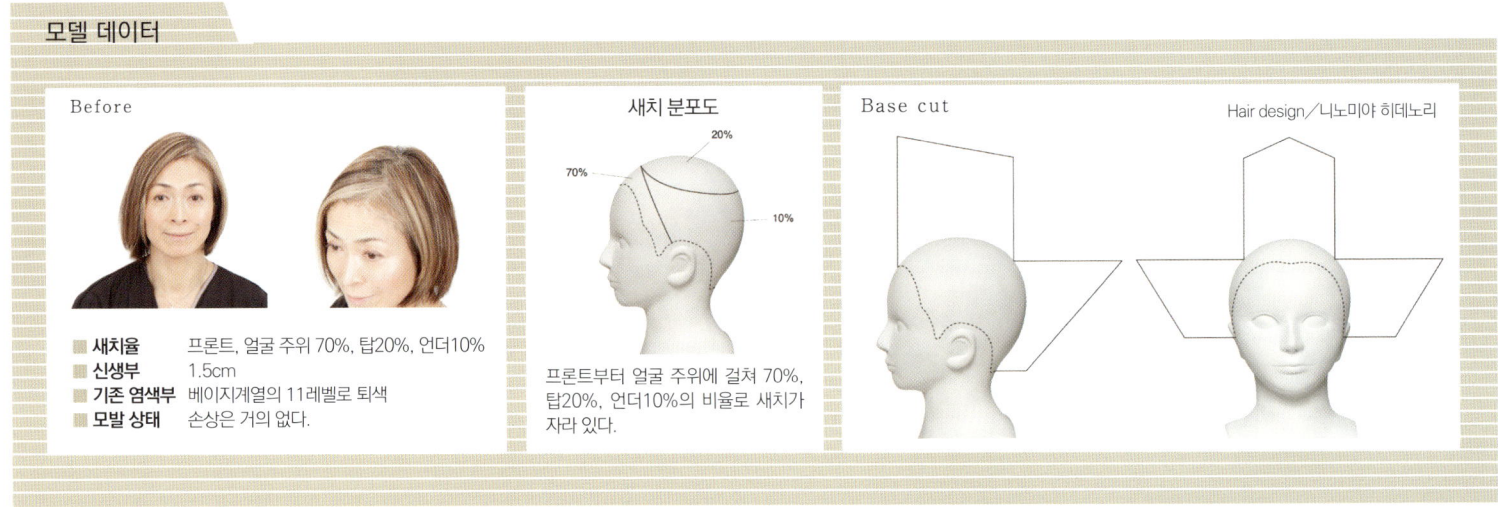

Before

- 새치율: 프론트, 얼굴 주위 70%, 탑20%, 언더10%
- 신생부: 1.5cm
- 기존 염색부: 베이지계열의 11레벨로 퇴색
- 모발 상태: 손상은 거의 없다.

새치 분포도: 프론트부터 얼굴 주위에 걸쳐 70%, 탑20%, 언더10%의 비율로 새치가 자라 있다.

Base cut — Hair design/니노미야 히데노리

디자인 구성

사용 테크닉

- **Weaving** — DESIGN COLOR TECHNIQUE 01 — 위빙(하이라이트)
- **Back to Back** — DESIGN COLOR TECHNIQUE 01 — 백to백(로우라이트)
- **Slicing** — DESIGN COLOR TECHNIQUE 01 — 슬라이싱(하이라이트)
- **GrayHair Retouch** — GRAY HAIR TECHNIQUE 02 — 그레이헤어·리터치
- **Other Technique** — OTHER TECHNIQUE — 토너

호일 배치

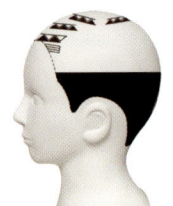 Side  Front  Top

플래티넘 포인트

표면이 되는 오버섹션에 새치가 자라도 잘 어우러지는 하이라이트와 로우라이트를 백to백으로 시술. 베이스 컬러는 핑크베이지로, 콘트라스트가 있는 화려한 디자인을 목표로 한다. 안쪽 부분이 되는 언더 섹션은 어둡게 해서 그라데이션 효과가 있는 섹션 컬러로.

사용 약제

ⓐ하이라이트 : REAL화학 『리얼크림브리치』 (OX6%)
ⓑ로우라이트 : REAL화학 『메이리』 4B/6 (OX2.8%)
ⓒ신생부 : REAL화학 『메이리』 10B:12P;12R=10:1:1(OX6%)
ⓓ두개골 위 기존 염색부 : REAL화학 『메이리 Lu』&『메이리』 BB:SC:12P:12R = 10:10:1:1(OX2.8%)
ⓔ언더 : REAL화학 『메이리』 4B/6(OX2.8)
ⓕ토너 : REAL화학 『메이리 Lu』 PR:BB:SC=1:1:10(OX2.8%)

헤어케어 기술

1. 탑부터 헤비 사이드에 걸쳐 두개골 윗부분은 이전에 시술 한 하이라이트를 살리는 헤어 컬러로 한다. 탑부터 10mm, 간폭10mm, 깊이 3mm의 피치로 위빙을 시술하고, 하이라이트 부분을 만든다.

2. 뿌리부터 중간만 약제 ⓐ를 도포. 하이라이트를 넣는다.

3. 모발끝에 약제가 묻어서 필요 이상으로 밝아지는 것을 방지하기 위해서, 모발끝을 호일에 올려 접는다.

4. 백to백에 로우라이트를 넣는다. 폭10mm, 간폭 10mm, 깊이3mm의 피치로, 기존에 로우라이트가 시술되어 있는 부분을 나눈다. 뿌리부터 중간만 약제 ⓑ를 도포. 로우라이트를 넣는다.

5. 백to백에 하이라이트와 로우라이트를 넣은 상태. ①~④를 셋트로 콘트라스트가 있는 컬러 디자인을 목표로 한다.

6. 새치가 집중되어 있는 얼굴주위는 두께5mm 슬라이스로 나누어 약제 ⓐ를 도포. 하이라이트를 확실하게 넣고 새치가 자랐을 때 잘 어우러지도록 한다.

7. 반대쪽 사이드도 탑은 폭10mm, 간폭10mm, 깊이3mm 위빙을 시술하고 백to백에 하이라이트와 로우라이트를 넣는다. 얼굴 주위에는 깊이 5mm의 슬라이싱으로 하이라이트를 넣는다.

8. 두개골 위쪽 리터치. 뿌리에 약제 ⓒ를 도포한다.

9. 두개골 위쪽의 하이라이트와 로우라이트 이외의 모발끝에 약제 ⓓ를 도포. 핑크베이지로 밝은 베이스 컬러를 목표로 한다.

10. 언더 리터치. 뿌리부터 약제ⓔ를 도포. 탑의 로우라이트와 같은 약제를 사용.

11. 언더의 모발끝도 ⓔ의 약제를 도포한다. 섹션 컬러로 안쪽을 어둡게 설정하고, 깊이감과 음영이 있는 컬러 디자인을 시술한다.

12. 방치 후, 하이라이트를 시술 한 부분에 옅은 핑크색을 얹기 위해서 샴푸대에서 토너.

완성

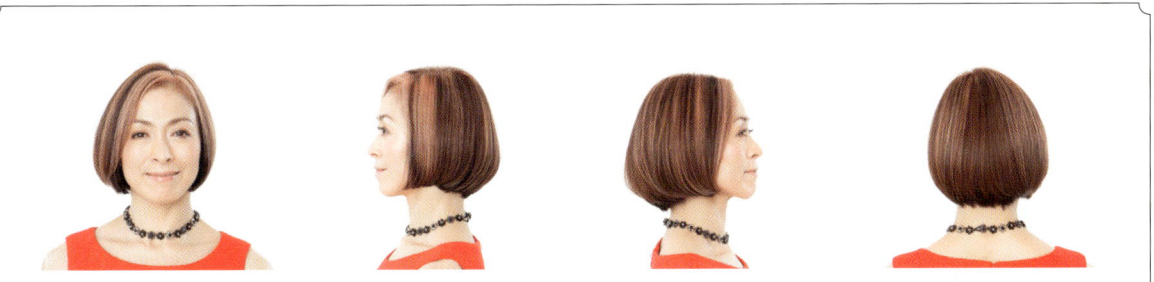

Platinum Color 새치의 그라데이션

기술해설 / 나카무라 다이스케

발레야쥬의 테크닉에 의한 그라데이션 컬러로 품위 있고 화려함을 플러스하는 방법을 소개하겠습니다.

모델 데이터

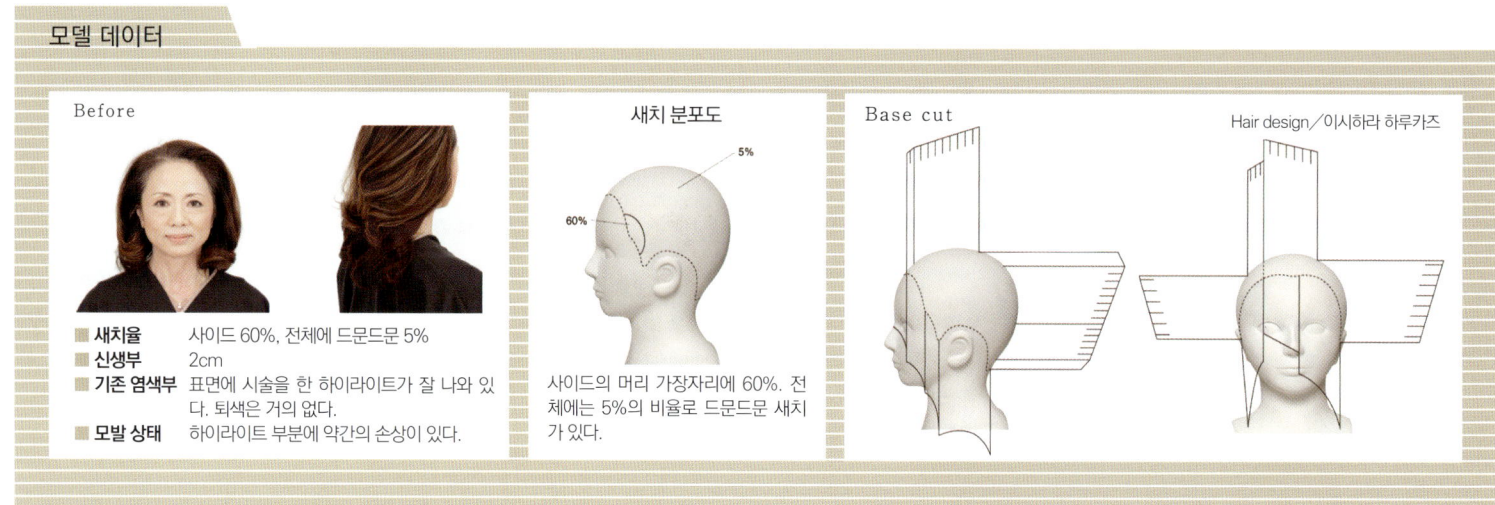

Before
- 새치율: 사이드 60%, 전체에 드문드문 5%
- 신생부: 2cm
- 기존 염색부: 표면에 시술을 한 하이라이트가 잘 나와 있다. 퇴색은 거의 없다.
- 모발 상태: 하이라이트 부분에 약간의 손상이 있다.

새치 분포도
사이드의 머리 가장자리에 60%. 전체에는 5%의 비율로 드문드문 새치가 있다.

Base cut

Hair design / 이시하라 하루카즈

디자인 구성

사용 테크닉

 **GRAY HAIR TECHNIQUE 01**
제로 테크닉(그레이 컬러)

 **DESIGN COLOR TECHNIQUE 03**
발레야쥬(하이라이트)

플래티넘 포인트

피부가 민감하기 때문에 제로테크닉을 사용해서 뿌리에 그레이·리터치를 시술한다. 기존에 시술되어 있는 표면의 하이라이트 디자인을 살리면서, 언더는 발레야쥬로 모발끝 방향으로 그라데이션 형태로 밝기를 업. 골드 브라운의 그라데이션 컬러가 화려한 디자인으로.

사용 약제

ⓐ 신생부 : REAL화학 『메이리 세제』 6WB:Yellow=5:1(OX6%)
ⓑ 하이라이트 : REAL화학 『리얼 크림브리치』 (OX6%)

호일 배치

발레아쥬 HL
1.5cm
2cm

도포량

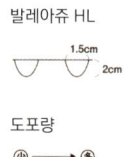

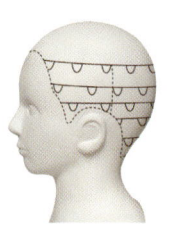
Side

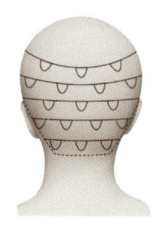
Back

헤어케어 기술

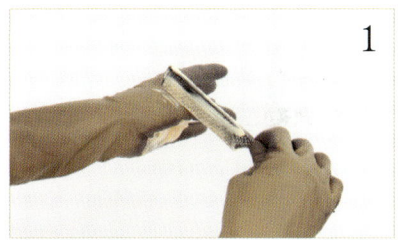

1. 피부가 민감하기 때문에 제로 테크닉으로 뿌리를 리터치. 약제 ⓐ를 콤으로 넣었다면 빗살에 묻은 여분의 약제를 조심스럽게 닦는다.

2. 파트부터 도포 시작. 뿌리부터 디바이딩 라인으로 약제 ⓐ를 도포.

3. 프론트의 관자놀이 부분은 새치가 집중되어 있어 도드라지기 때문에 약제를 듬뿍 도포한다.

4. 뿌리 전체의 리터치가 종료되었다면 표면의 하이라이트가 들어가있는 부분을 블로킹으로 나눈다. 이 부분의 컬러 디자인을 살리기 위해서 바르지 않은 채로 남겨 둔다.

5. 중간부터 모발끝 방향으로 서서히 밝아지는 그라데이션 컬러를 위해서 콤과 솔을 사용해서 발레야쥬로 하이라이트를 시술한다. 우선은 콤으로 약제를 도포.

6. 네이프부터 폭20mm, 깊이15mm의 모발을 나누고 중간부터 약제ⓑ를 도포한다. 경계를 없애기 위해서 중간부분까지는 솔을 세우는 느낌으로 약제를 적게 도포한다.

7. 모발끝쪽으로 갈수록 솔을 가로로 눕혀 약제의 도포량을 늘린다. 모발끝 방향으로 밝아지는 그라데이션 컬러로.

8. 모발끝에 약제를 확실하게 도포하기 위해서 모발 아래에 약제를 묻힌 콤을 두고 솔을 눕혀 모발의 안쪽까지 약제를 확실하게 도포한다.

9. 폭20mm, 간폭15mm로 발레야쥬를 시술하고 하이라이트를 넣는다. 1단째의 도포가 종료되었다면 다음 슬라이스에 약제가 묻는 것을 방지하기 위해서 코튼을 얹는다.

10. 다음 단은 벽돌형태가 되도록 폭20mm, 깊이15mm 모발을 나누고, 약제 ⓑ를 도포한다. 이 작업을 반복해서 발레야쥬를 시술하고 그라데이션 형태로 하이라이트를 넣는다.

11. 사이드도 벽돌 형태로 발레야쥬를 시술, 그라데이션 형태의 하이라이트를 넣는다.

12. 전체 도포가 종료되었다면 파트와 프론트의 머리 가장자리에 페이퍼를 붙인다. 하이라이트의 상태를 체크하면서 20분정도 자연방치.

 ## 완성

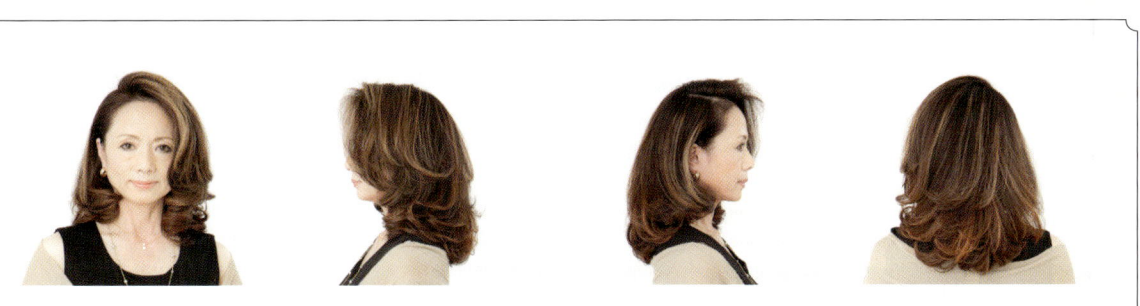

Platinum Color 새치의 그라데이션

기술해설 / 오자키 아츠코

리터치 부분이 긴 경우의 그레이 헤어 대응 테크닉. 더블 프로세스로 손상을 줄이는 플래티넘 컬러 테크닉을 배워봅시다.

모델 데이터

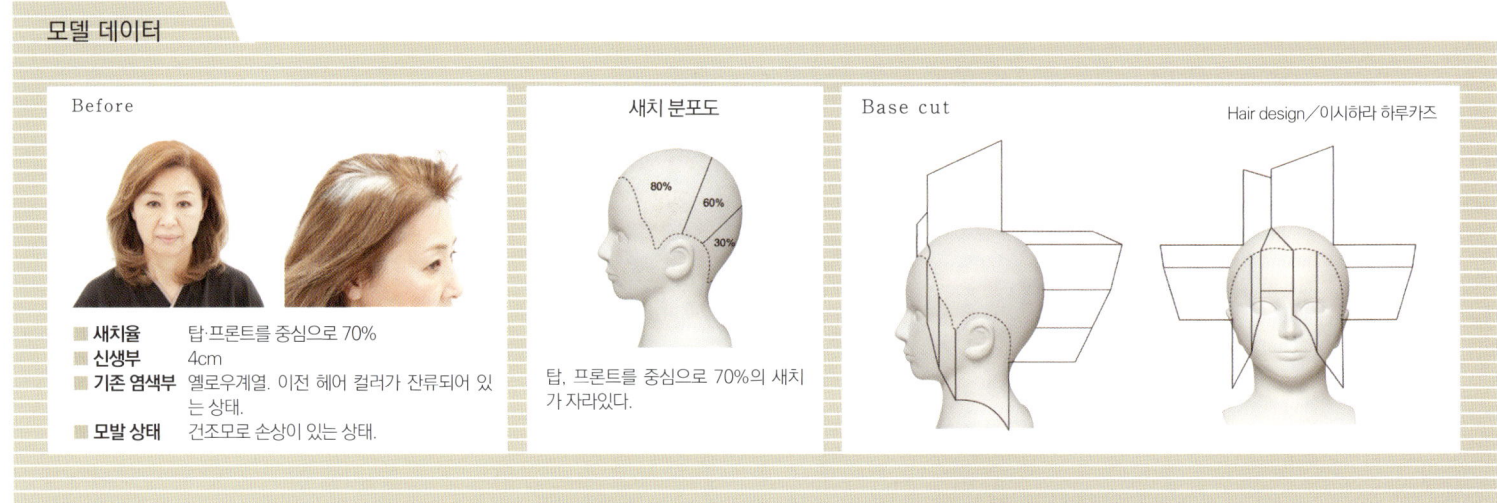

Before

- **새치율**: 탑·프론트를 중심으로 70%
- **신생부**: 4cm
- **기존 염색부**: 옐로우계열. 이전 헤어 컬러가 잔류되어 있는 상태.
- **모발 상태**: 건조모로 손상이 있는 상태.

새치 분포도: 탑, 프론트를 중심으로 70%의 새치가 자라있다.

Base cut

Hair design／이시하라 하루카즈

디자인 구성

사용 테크닉

더블 프로세스

 GRAY HAIR TECHNIQUE 02
그레이헤어·리터치

 DESIGN COLOR TECHNIQUE 01
위빙(하이라이트)

플래티넘 포인트

신생부가 길기 때문에 그레이의 원메이크 리터치와 하이라이트 더블 프로세스로. 최소한의 부담으로 아름다운 헤어 컬러를 목표로 한다. 새치가 자랐을 때 잘 보이지 않게 모발의 흐름에 따라 파트부터 방사상으로 하이라이트를 넣고, 새치가 잘 어우러지는 컬러 디자인으로.

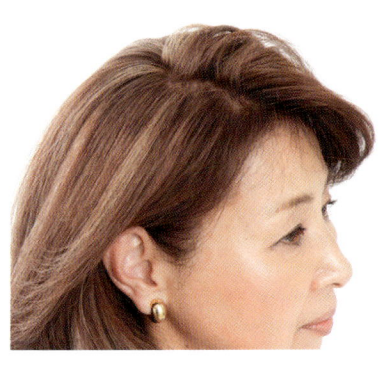

사용 약제

ⓐ신생부 : Wella『콜레스톤 퍼펙트』7/04:7/07:6/04=2:1:1(OX6%)
ⓑ기존 염색부 : Wella『소프터치』SC8/7:S6/7:SC8/4=1:1:1(OX1.5% X2)
ⓒ하이라이트 : Wella『콜레스톤 퍼펙트』크림브리치:14/00=2:1(OX6% X2)

호일 배치

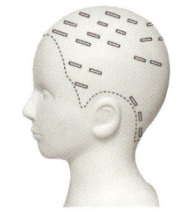 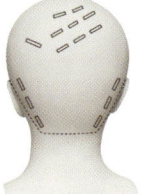 

Side　　Back　　Top

헤어케어 기술

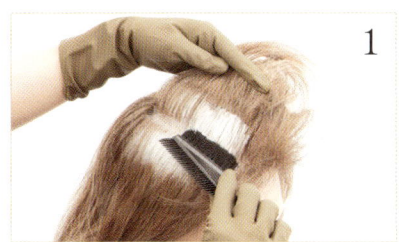

1. 우선은 그레이 리터치. 프론트 파트부터 신생부의 새치에 약제 ⓐ를 도포.

2. 새치가 자라기 쉬운 페이스 라인도 약제 ⓐ를 도포한다.

3. 약제가 잘 침투되도록 슬라이스를 5mm정도 얇게 설정. 디바이딩라인부터 뿌리 방향으로 솔을 움직인다. 도포가 누락되거나 기존 염색부에 오버랩 되지 않도록 디바이딩 라인을 의식한다.

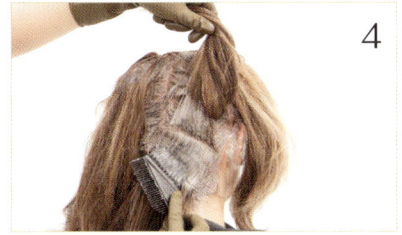

4. 전체의 신생부에 약제를 도포한 후 크로스 체크. 도포가 누락되거나 남지 않도록 슬라이스를 바꾸어 확실하게 도포한다.

5. 크로스 체크 후 머리 가장자리와 파트에 페이퍼를 붙인다. 건조를 방지하고, 약제의 침투를 촉진한다.

6. 랩을 씌워 15분정도 자연방치. 신생부의 새치에 약제를 확실하게 침투시킨다.

7. 방치 후, 중간~모발끝의 기존 염색부에 약제 ⓑ를 도포.

8. 기존 염색부에 도포가 종료된 상태.

9. 유화. 약제를 모발에 스미도록 문지른다. 따뜻한 물로 두피에 묻은 약제를 헹구어 낸 후 샴푸.

10. 샴푸 후에 건조. 그레이, 원메이그가 종료된 상태.

11. 새치가 자라도 자연스럽게 어우러지도록 하이라이트를 넣는다. 파트를 기점으로 방사상으로 폭15mm, 간폭15mm, 깊이3mm의 위빙을 시술하고 하이라이트 ⓒ를 뿌리부터 도포. 10mm 간폭으로 위빙을 시술한다.

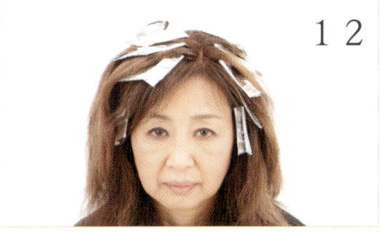

12. 프론트·탑·헴 라인에 위빙을 시술하고, 하이라이트의 도포가 종료. 그레이 원메이크 리터치 후 하이라이트를 시술하는 더블 프로세스로 부담을 최소한으로 줄여 아름다운 헤어 컬러를 목표로 한다.

완성

Platinum Color 새치의 그라데이션

기술해설 / 이시바시 토모코

하이라이트와 로우라이트를 겹쳐 넣고, 새치의 그라데이션으로 세련된 헤어 컬러 디자인을 제안하겠습니다.

모델 데이터

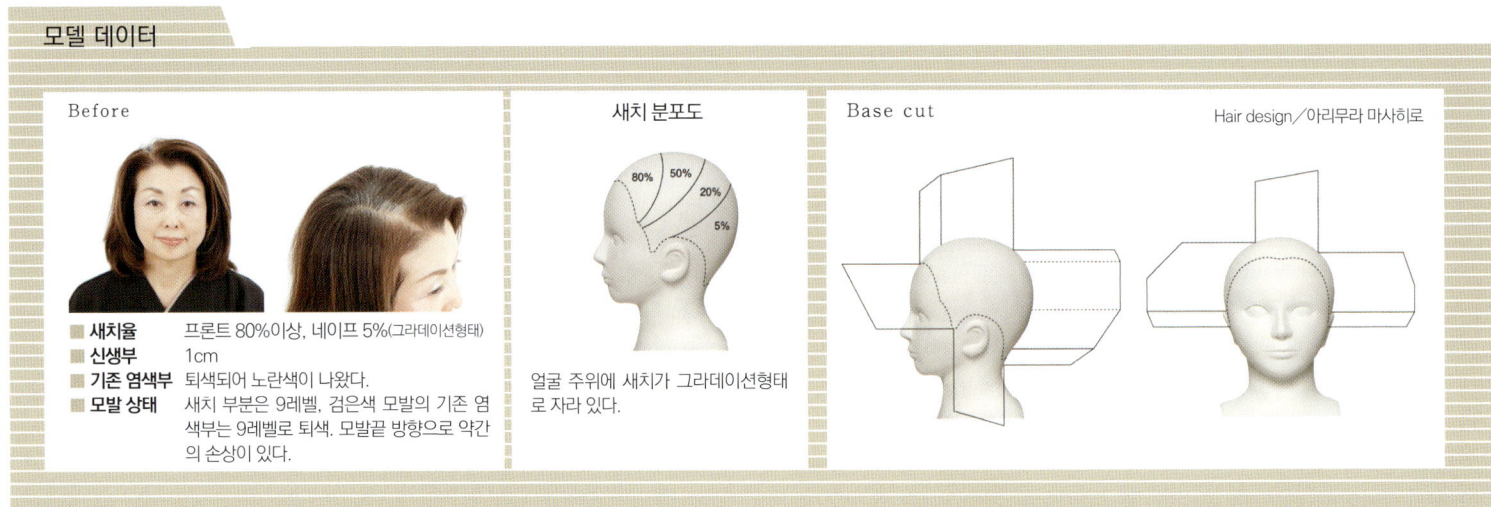

Before

- **새치율**: 프론트 80%이상, 네이프 5%(그라데이션형태)
- **신생부**: 1cm
- **기존 염색부**: 퇴색되어 노란색이 나왔다.
- **모발 상태**: 새치 부분은 9레벨, 검은색 모발의 기존 염색부는 9레벨로 퇴색. 모발끝 방향으로 약간의 손상이 있다.

새치 분포도: 얼굴 주위에 새치가 그라데이션형태로 자라 있다.

Base cut — Hair design／아리무라 마사히로

디자인 구성

사용 테크닉

- **Weaving** — DESIGN COLOR TECHNIQUE 01 / 위빙(하이라이트)
- **Back to Back** — DESIGN COLOR TECHNIQUE 01 / 백to백(로우라이트)
- **Zero Technique** — GRAY HAIR TECHNIQUE 01 / 제로테크닉(그레이헤어)
- **Other Technique** — OTHER TECHNIQUE / 토너

호일 배치

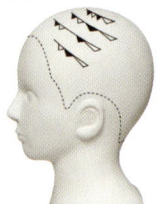

Side   Top

플래티넘 포인트

하이라이트와 로우라이트를 겹쳐서 넣는 백to백을 시술하고, 새치를 살린 화려한 헤어 컬러 디자인을 제안. 칩의 크기는 두상의 밸런스를 고려해서 프론트는 적게, 탑·사이드는 크게 설정한다. 하이라이트 부분만 매트+애쉬를 토너로 시술한다.

사용 약제

ⓐ하이라이트 : Wella 『크림 브리치』 :OX=1:2(OX6%)
ⓑ로우라이트 : Wella 『소프터치』 S3/7:S6/00=1:1(OX6%)
ⓒ신생부 : Wella 『콜레스톤 퍼펙트』 8/02 (OX6%)
ⓓ백·중간~모발끝 : Wella 『콜레스톤 퍼펙트』 14/88:OX=1:3(OX6%)
ⓔ탑·하이라이트 부분 토너 : Wella 『소프터치』 SC8/2(OX2.8%) : SC8/88 (OX1.5%) = 1:1

헤어케어 기술

1. 탑의 가마 부근부터 15mm, 프론트쪽 10mm의 칩을 위빙으로 나누고 신생부를 남겨 호일을 모발 아래에 넣는다.

2. 신생부를 제외하고 약제 ⓐ를 도포. 하이라이트를 시술한다. 도포가 종료되었다면 호일을 접는다.

3. 같은 슬라이스상에 칩을 나누고 백to백으로 로우라이트를 겹쳐 넣는다. 호일을 뿌리부터 넣는다. 약제ⓑ를 신생부부터 도포해서 로우라이트를 시술한다.

4. 20mm간폭으로 ①~③의 공정을 반복하고, 두개골의 형태에 따라 방사상으로 하이라이트와 로우라이트를 교대로 도포한다.

5. 얼굴 주위는 칩을 작게 설정. 하이라이트와 로우라이트의 라인이 두드러지지 않도록 조정한다.

6. 두개골 위까지 순서대로 백to백으로 하이라이트와 로우라이트를 시술한 상태.

7. 반대 사이드도 하이라이트와 로우라이트를 백to백으로 도포. 방사상에서 교대로 시술한다.

8. 라이트 사이드의 위빙이 종료.

9. 뿌리 리터치. 신생부에 ⓒ의 약제를 도포한다. 뿌리부터 디바이딩 라인까지 제로 테크닉으로 도포.

10. 두피에 약제가 묻지 않도록 두피에서 콤을 직각으로 한다.

11. 뿌리의 리터치가 종료되었다면 백의 중간~모발끝쪽으로 약제 ⓓ를 도포.

12. 20~30분 방치 후, 샴푸대에서 한 번 헹굼. 탑의 하이라이트 부분의 오렌지색이 강조되기 때문에 애쉬계열의 약제 ⓔ로 토너를 시술한다.

완성

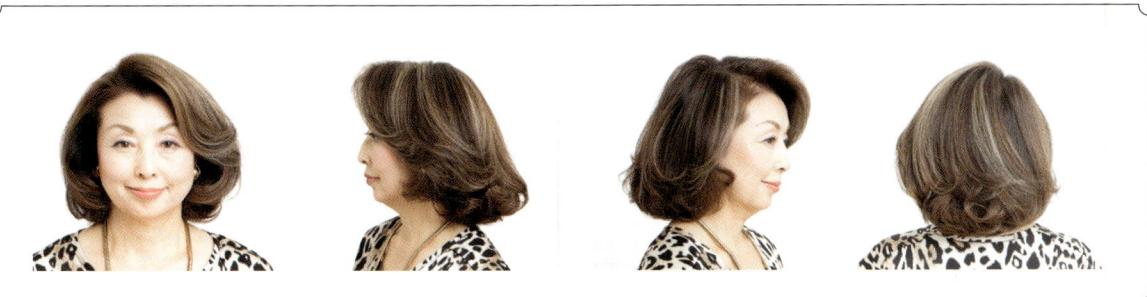

Platinum Color 새치에 색을 입힌다

기술해설 / 아케다 준지

플래티넘 베이지의 하이라이트를 시술하고, 품위있고 화려하며 역동감있는 컬러 디자인을 제안. 콘트라스트로 젊은 분위기를 표현해 보겠습니다.

모델 데이터

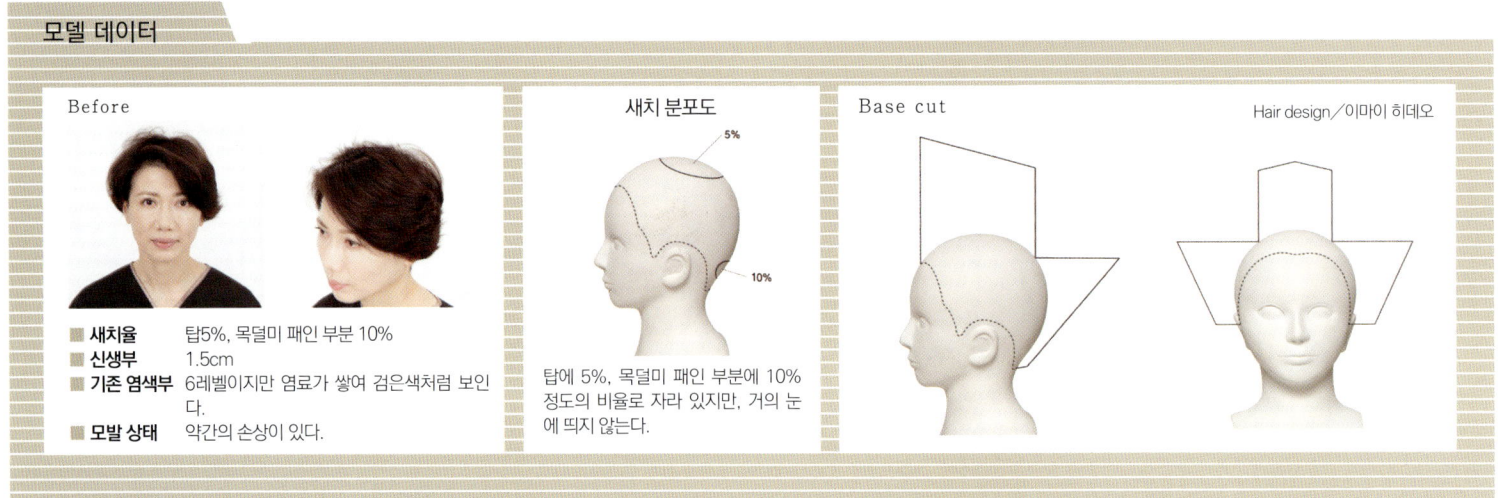

Before
- 새치율: 탑5%, 목덜미 패인 부분 10%
- 신생부: 1.5cm
- 기존 염색부: 6레벨이지만 염료가 쌓여 검은색처럼 보인다.
- 모발 상태: 약간의 손상이 있다.

새치 분포도: 탑에 5%, 목덜미 패인 부분에 10% 정도의 비율로 자라 있지만, 거의 눈에 띄지 않는다.

Base cut / Hair design: 이마이 히데오

디자인 구성

사용 테크닉

 GrayHair Retouch — GRAY HAIR TECHNIQUE 02
그레이헤어·리터치

 Weaving — DESIGN COLOR TECHNIQUE 01
위빙(하이라이트)

 Slicing — DESIGN COLOR TECHNIQUE 03
스머징·스페츌러(하이라이트)

 Other Technique — OTHER TECHNIQUE
토너

호일 배치

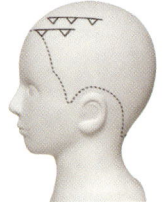 Side
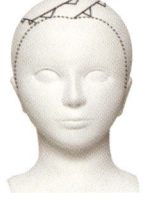 Front
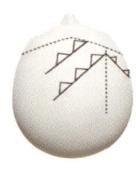 Top

플래티넘 포인트

펄 브라운계열의 컬러를 베이스로 플래티넘 베이지의 하이라이트를 시술한다. 화려하고 역동감있는 컬러 디자인으로 하기 위해서 헤비 사이드에는 두꺼운 하이라이트를 넣는다. 하이라이트는 라인을 없애기 위해서 스머징으로 약제의 도포량을 조정.

사용 약제

ⓐ신생부 : Wella 『콜레스톤 퍼펙트』 6/02(OX6%)
ⓑ로우라이트 : Wella 『크림브리치』 (OX6% x2)
ⓒ신생부 : Wella 『소프터치』 SC8/8 (OX1.5%)

헤어케어 기술 ※ 스페츌러(Spatula : 주걱모양의 도구)

1. 탑에 5%정도의 새치가 있기때문에 새치가 잘 보이는 파트부터 약제 ⓐ를 도포한다.

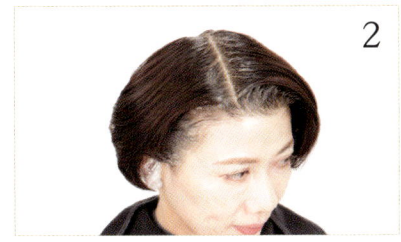
2. 전체의 뿌리에 약제 ⓐ를 도포한 상태.

3. 헤비사이드에 하이라이트를 시술하기 위해서 위빙. 피치는 설정하지 않고 덩어리 형태로 모발을 나눈다.

4. 하이라이트의 라인을 없애기 위해서 스페츌러를 사용해서 스머징으로 약제 ⓑ를 도포.

5. 중간 부분은 솔을 세워 약제 ⓑ를 도포한다.

6. 라인을 없애기 위해서 뿌리 방향으로 약제의 도포량을 적게 조정한다.

7. 모발끝에 하이라이트를 확실하게 넣기 위해서 약제를 듬뿍 도포한다.

8. 약제의 도포량을 많게 하기 위해서 솔을 눕힌다.

9. 20mm간폭으로, 다음 ③~⑧도 덩어리형태로 모발을 나누고 스페츌러를 사용해서 약제 ⓑ를 도포한다. 헤비 사이드에 사선의 그라데이션으로 하이라이트를 시술한다.

10. 라이트 사이드는 폭3mm, 간폭7mm의 위빙을 시술하고 약제 ⓑ를 도포. 스페츌러를 사용해서 라인을 흐리게 하면서 헤비 사이드보다도 좁은 하이라이트를 넣는다.

11. 토너. 하이라이트가 들어가는 정도를 보면서 15분정도, 약제 ⓒ를 문지른다.

 완성

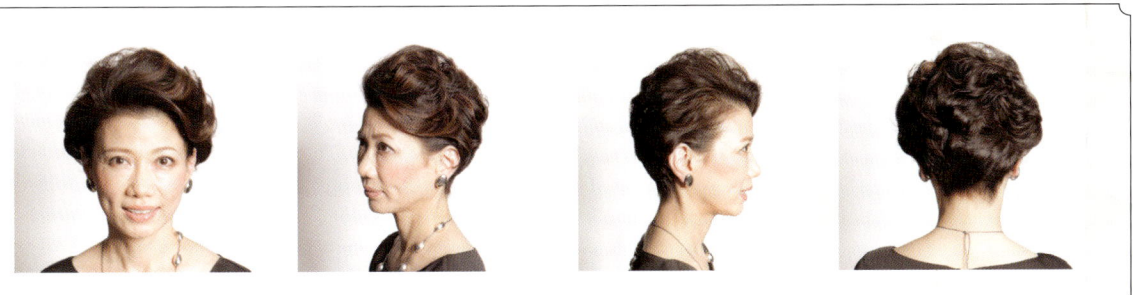

Platinum Color 새치에 색을 입힌다

기술해설 / 아케다 준지

채도가 높은 핑크 하이라이트를 전체에 시술하고, 다양한 컬러의 디자인을 표현. 칙칙한 그레이 컬러의 헤어를 화려하고 귀여운 분위기로 바꿔 보겠습니다.

모델 데이터

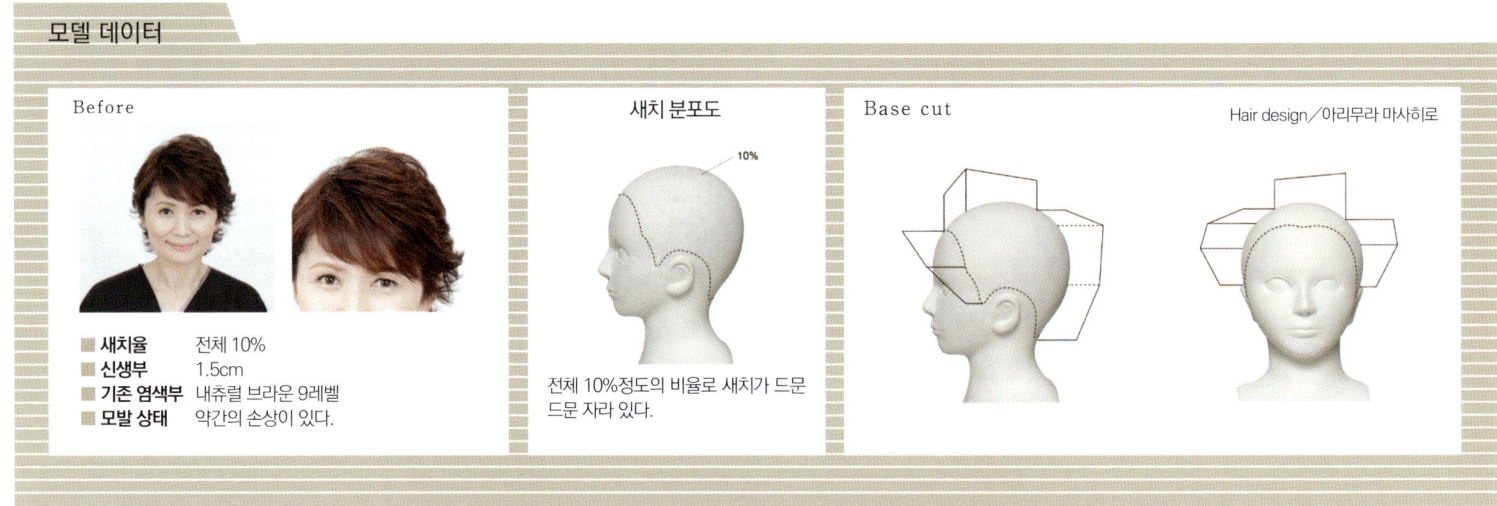

Before
- 새치율: 전체 10%
- 신생부: 1.5cm
- 기존 염색부: 내츄럴 브라운 9레벨
- 모발 상태: 약간의 손상이 있다.

새치 분포도
전체 10%정도의 비율로 새치가 드문드문 자라 있다.

Base cut
Hair design / 아리무라 마사히로

✦ 디자인 구성

사용 테크닉

Weaving — DESIGN COLOR TECHNIQUE 01
위빙(하이라이트)

Fashion Retouch — BASIC TECHNIQUE 02
패션·리터치

✦ 플래티넘 포인트

전체에 채도가 높은 핑크계열의 하이라이트를 시술한다. 드문드문 자라 있는 새치에 선명한 하이라이트를 전체에 시술로 새치를 흐리게 해서 품위 있고 귀여운 헤어 컬러로. 얼굴 주위와 헴라인에는 두꺼운 하이라이트를 시술하고, 정면에서 봤을 때 화려한 인상으로 만든다.

호일 배치

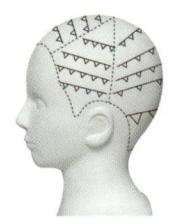

Side   Back   Top

✦ 사용 약제

ⓐ하이라이트 : LebeL/TakaraBelmont 『마테리아 메이크업라인』 M-P:M-RV=3:1(OX6% X3)

ⓑ신생부 : LebeL/TakaraBelmont 『마테리아G』 P-8G(OX6%)

ⓒ기존 염색부 : LebeL/TakaraBelmont 『마테리아 μ』 P-8G:『마테리아 인테그럴라인』 BP-10 (OX3%)=1:1

헤어케어 기술

1. 프론트에 하이라이트를 넣기 위해서 폭 10mm, 간폭10mm, 깊이5mm의 위빙을 시술한다.

2. 또렷한 라인을 시술하기 위해서 뿌리부터 약제 ⓐ를 도포한다. 핑크계열의 하이라이트를 넣는다.

3. 15mm간폭으로 프론트에 하이라이트를 4개 시술 한 상태.

4. 왼쪽 사이드에 하이라이트를 시술한다. 사이드는 폭5mm, 간폭7mm, 깊이5mm의 위빙을 시술한다.

5. 약제 ⓐ를 도포. 15mm간폭으로 위빙을 시술하고, 좁은 하이라이트를 넣는다.

6. 왼쪽 사이드에 호일을 4개 시술 한 상태.

7. 오른쪽 사이드에도 폭5mm, 간폭7mm, 깊이5mm의 위빙을 시술하고, 하이라이트를 넣는다.

8. 백에 하이라이트를 넣는다. 헴 라인에 폭10mm, 간폭10mm, 깊이5mm의 위빙을 시술하고 약제 ⓐ를 도포. 정면에서 봤을 때 목덜미 부분이 화려해 보이도록 하이라이트를 두껍게 설정한다.

9. 헴라인 이외의 백에는 폭5mm, 간폭7mm, 깊이5mm의 피치로 위빙을 전체에 시술하고, 약제 ⓐ를 도포. 하이라이트를 넣는다.

10. 뿌리 리터치. 신생부에 약제 ⓑ를 도포.

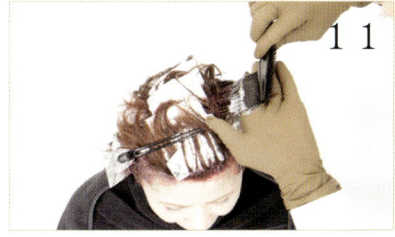
11. 모발끝에는 손상을 막기 위해서 약알카리성 약제 비율을 높게 설정 한 약제 ⓒ를 도포한다.

12. 전체 도포가 끝났다면 15분 방치한다.

완성

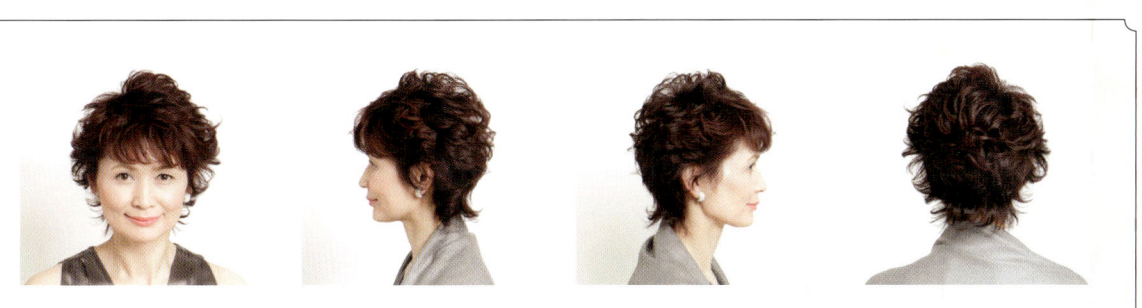

Platinum Color 새치에 색을 입힌다

기술해설 / 아케다 준지

피치를 좁게·중간·두껍게 복합적으로 시술 한 위빙으로 내츄럴함을 표현. 원랭스 위의 하이라이트 디자인을 소개하겠습니다.

모델 데이터

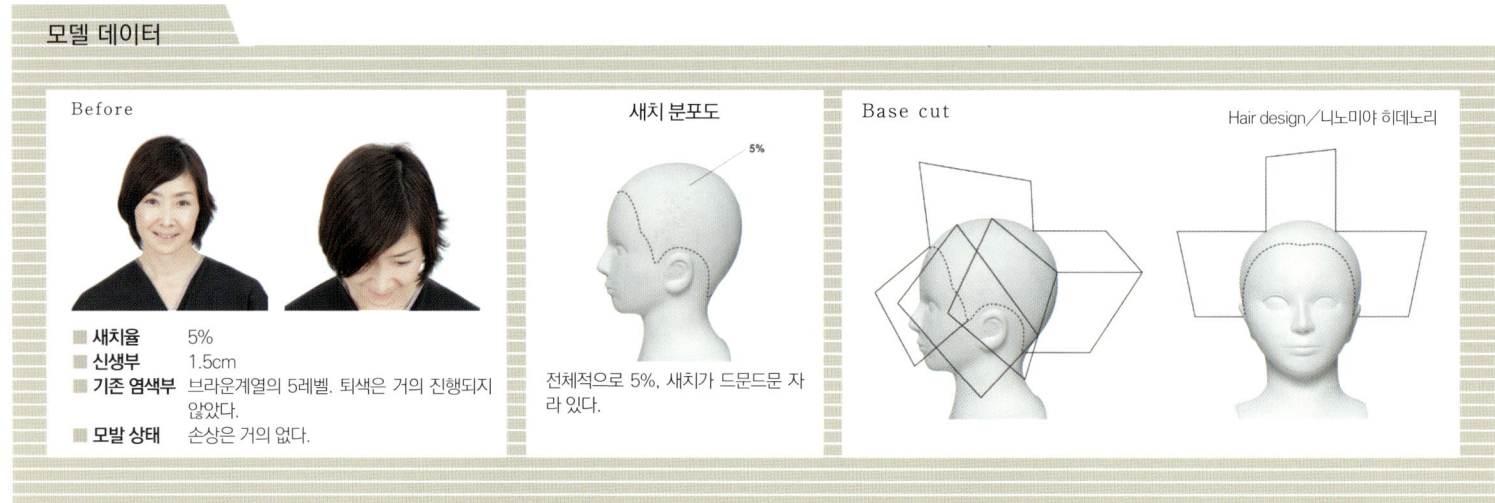

Before
- 새치율: 5%
- 신생부: 1.5cm
- 기존 염색부: 브라운계열의 5레벨. 퇴색은 거의 진행되지 않았다.
- 모발 상태: 손상은 거의 없다.

새치 분포도
전체적으로 5%, 새치가 드문드문 자라 있다.

Base cut
Hair design / 니노미야 히데노리

✦ 디자인 구성

사용 테크닉

 **Weaving** — DESIGN COLOR TECHNIQUE 01
위빙(하이라이트)

 **GrayHair Retouch** — GRAY HAIR TECHNIQUE 02
그레이헤어·리터치

호일 배치

HL ①
10mm · 10mm

HL ②
5mm · 10mm

HL ③
5mm · 5mm

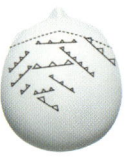
Top

✦ 플래티넘 포인트

위빙은 피치를 좁게·중간·두껍게 복합적으로 시술함에 따라 내츄럴한 콘트라스트 디자인에 굴곡의 느낌을 표현할 수 있다. 원랭스 위의 하이라이트를 원하는 고객에게 추천하며 블랜드 디자인을 표현한다.

✦ 사용 약제

ⓐ 하이라이트 : REAL화학 『메이리 라이트너』 : 『리얼 크림브리치』 =5:1 (OX6%)

ⓑ 신생부 : REAL화학 『메이리 세제』 6WB(OX6%)

ⓒ 기존 염색부 : REAL화학 『메이리 Lu』 BB:SC=1:! (OX2.8%)

헤어케어 기술

1. 탑부터 헤비 사이드에 걸쳐 두개골 위쪽부분에 랜덤으로 피치를 설정한 위빙에 하이라이트를 시술한다. 우선은 안쪽에 10mm, 간폭10mm의 피치로 위빙을 시술한다.

2. 뿌리부터 약제 ⓐ를 도포하고, 하이라이트를 넣는다.

3. ②의 호일 위에 간폭을 벌려 폭5mm, 간폭10mm의 피치로 위빙을 시술하고, 약제 ⓐ를 도포. 하이라이트를 넣는다.

4. ③의 호일 위에 간폭을 벌려 폭5mm, 간폭5mm, 깊이5mm의 피치로 위빙을 시술하고, 약제 ⓐ를 도포한다. 베이스 컬러에 블랜드 된 하이라이트를 넣는다.

5. 탑부터 프론트에 걸쳐 ①~④의 랜덤의 피치로 위빙을 시술. 표면에는 하이라이트 효과를 위해 탑은 폭10mm, 간폭10mm, 깊이10mm의 두꺼운 피치로 하이라이트를 넣는다.

6. 헤비 사이드와 탑~프론트쪽으로의 하이라이트 시술이 종료된 상태.

7. 라이트 사이드도 랜덤한 피치로 위빙을 시술해서 하이라이트를 넣는다. 이쪽은 자연스러운 하이라이트를 목표로 표면에는 폭5mm, 간폭5mm, 깊이5mm의 위빙으로.

8. 라이트 사이드의 하이라이트 시술이 종료된 상태.

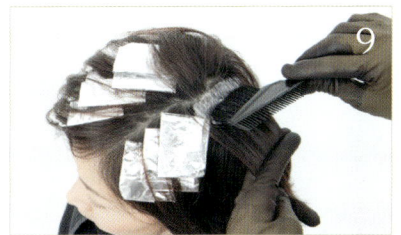

9. 탑부터 뿌리 리터치. 신생부에 약제 ⓑ를 도포한다.

10. 하이라이트를 시술 한 부분과 뿌리 부분의 컬러가 잘 어우러지도록 호일을 조금씩 엇갈리게 해서 위빙의 뿌리에도 약제 ⓑ를 도포한다.

11. 뿌리의 리터치가 종료된 상태.

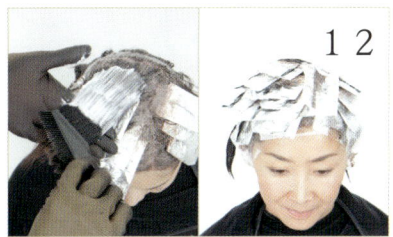

12. 퇴색이 신경 쓰이는 기존 염색부에는 약제 ⓒ를 도포. 전체 도포가 종료되었다면 파트와 프론트의 머리 가장자리에 페이퍼를 붙인 후 20분정도 자연 방치한다.

완성

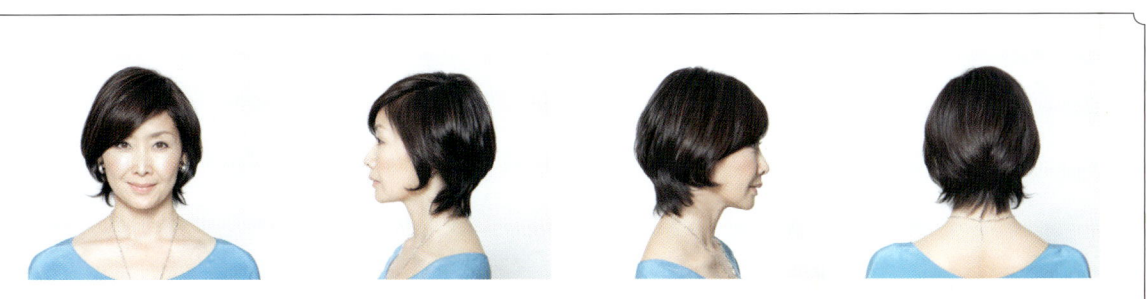

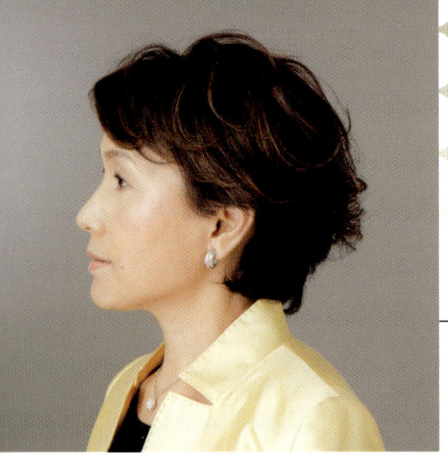

Platinum Color 새치에 색을 입힌다

기술해설 / 에바토 다이스케

표현하고 싶은 하이라이트의 효과에 맞춰 위빙과 슬라이싱 테크닉을 사용하는 헤어 테크닉을 배워 봅시다.

모델 데이터

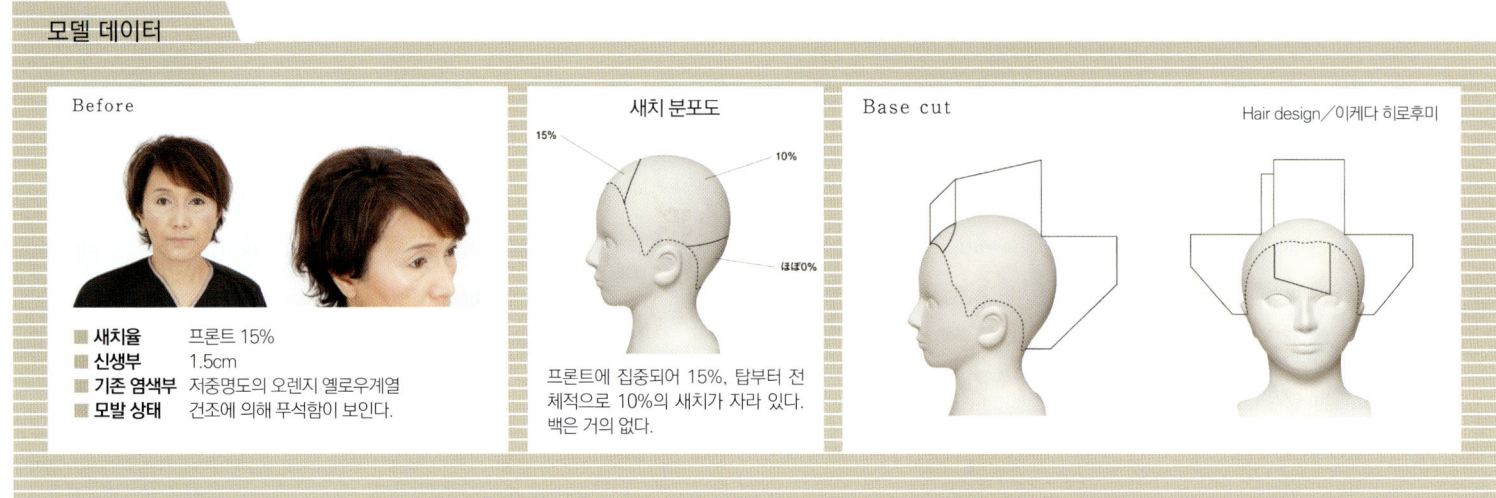

Before
- 새치율: 프론트 15%
- 신생부: 1.5cm
- 기존 염색부: 저중명도의 오렌지 옐로우계열
- 모발 상태: 건조에 의해 무석함이 보인다.

새치 분포도
프론트에 집중되어 15%, 탑부터 전체적으로 10%의 새치가 자라 있다. 백은 거의 없다.

Base cut
Hair design / 이케다 히로후미

디자인 구성

사용 테크닉

 **Weaving** — DESIGN COLOR TECHNIQUE 01
위빙(하이라이트)

 Slicing — DESIGN COLOR TECHNIQUE 01
슬라이싱(하이라이트)

 **GrayHair Retouch** — GRAY HAIR TECHNIQUE 02
그레이헤어·리터치

플래티넘 포인트

화려한 모발의 흐름과 움직임을 표현하기 위해서 밝은 하이라이트를 위빙으로 시술한다. 전체적으로 윤기와 깊이감을 만들기 위해서 핑크계열과 오렌지계열의 하이라이트는 슬라이싱으로 시술하고, 깊이 있는 헤어 컬러 디자인으로. 베이스는 내츄럴 브라운을 설정.

호일 배치

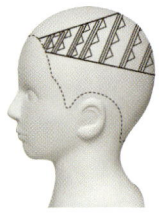

Side · Back · Top

사용 약제

ⓐ하이라이트 : REAL화학『메어리 라이트너』:『리얼 크림브리치』= 7:1
ⓑ하이라이트(핑크) : REAL화학『메어리』 9P : 7P(OX6%)
ⓒ하이라이트(오렌지) : REAL화학『메어리』 90:70=2:1(OX6%)
ⓓ신생부 : REAL화학『메어리 세제』 8NB:6NB=1:1(OX6%)

헤어케어 기술

사이드에 하이라이트를 넣는다. 우선은 백 사이드부터 슬라이스를 나누고 폭10mm, 간폭10mm, 깊이 3mm의 위빙을 시술한다.

호일을 모발의 아래에 끼운 후 약제 ⓐ를 도포한다. 신생부 1.5cm를 도포하지 않고 남겨두어 하이라이트를 넣는다.

②의 하이라이트 바로 위쪽에 두께 3mm의 슬라이스를 나누고 신생부 1.5cm를 도포하지 않고 남겨 약제 ⓑ를 도포. 핑크계열의 하이라이트로 인해 윤기와 깊이감이 있는 컬러 디자인을 시술할 수 있다.

다음으로 폭10mm, 간폭10mm, 깊이3mm로 위빙을 시술하고 중간~모발끝쪽으로 약제 ⓐ를 도포. 레이어 스타일이기 때문에 표면을 중심으로 하이라이트를 넣는다.

④ 바로 위에 두께 3mm의 슬라이스를 나누고 뿌리 1.5cm를 바르지 않고 남겨 약제 ⓒ를 도포. 오렌지계열의 하이라이트를 넣어 윤기와 깊이감이 있는 컬러 디자인을 시술한다.

①~⑤의 순서대로 프론트 사이드쪽으로 하이라이트를 넣는다. 모발양이 적은 프론트 사이드는 좁은 피치로. 사진은 폭5mm, 간폭5mm, 깊이2mm의 위빙으로, 신생부는 바르지 않고 남겨 약제 ⓐ를 도포한 상태.

탑은 프론트부터 순서대로 하이라이트를 넣는다. 우선은 폭5mm, 간폭5mm, 깊이 3mm의 위빙으로 나누고 뿌리의 신생부 1.5cm는 바르지 않고 남겨 약제 ⓐ를 도포.

다음으로 폭5mm, 깊이3mm의 위빙을 나누고 신생부 1.5cm는 바르지 않고 남겨 약제 ⓑ를 도포한다. 핑크계열의 하이라이트를 넣는다.

3mm의 슬라이스를 나누고 신생부 1.5cm는 도포하지 않고 남겨 약제 ⓒ를 도포. 오렌지계열의 하이라이트를 도포한다.

라이트 사이드는 부분적으로 호일의 도포량을 조정한다. 안쪽 부분은 약제를 적게, 표면인 프론트쪽의 중간~모발끝은 약제를 듬뿍 도포해서 마무리의 밝기를 컨트롤한다.

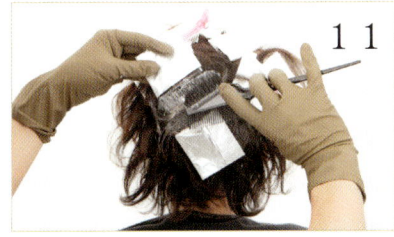

신생부의 뿌리에 약제 ⓓ를 도포하고 그레이 리터치. 네이프부터 순서대로 바른다. ①~⑩에서 도포하지 않고 남겨 둔 뿌리 부분을 조심스럽게 도포한다.

새치가 올라오는 것을 막고, 약제의 침투를 촉진시키기 위해서 파트와 프론트의 가장자리에 페이퍼를 붙인다. 그 후, 20분 자연 방치.

 완성

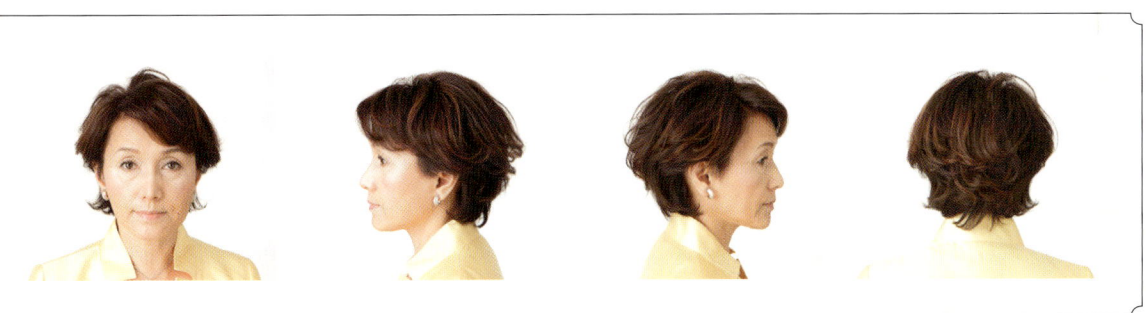

Platinum Color 새치에 색을 입힌다

기술해설 / 이즈미 시호

위빙, 백콤, 스머징의 복합적인 테크닉으로 채도가 높고 깊이감이 있는 그라데이션 컬러를 제안해 보겠습니다.

모델 데이터

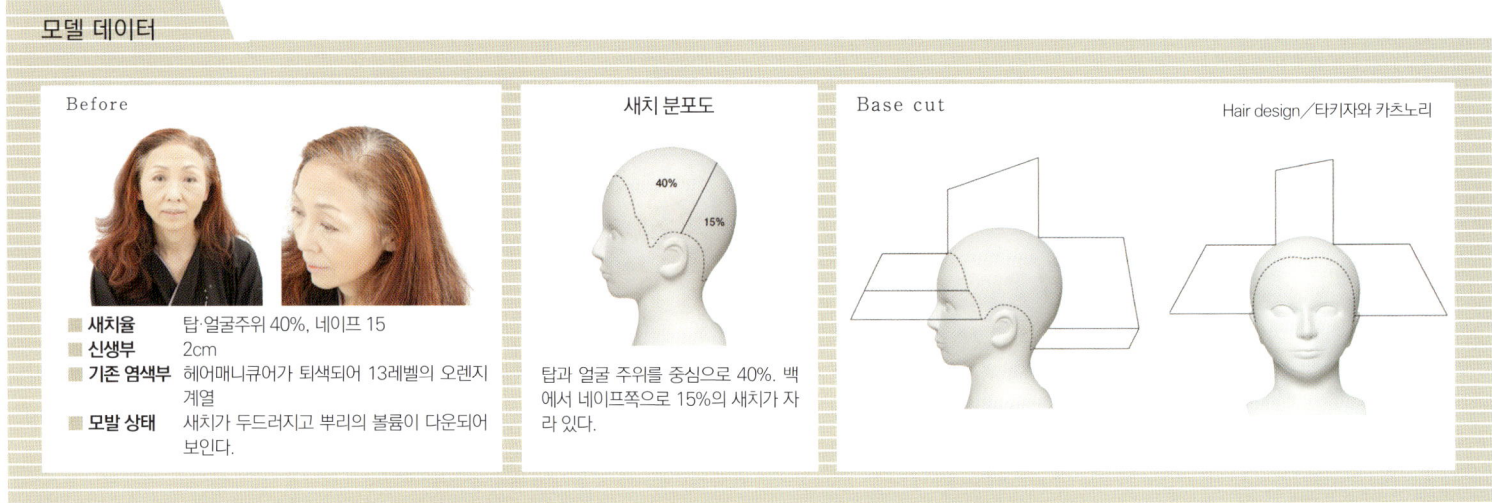

Before

- **새치율** 탑·얼굴주위 40%, 네이프 15
- **신생부** 2cm
- **기존 염색부** 헤어매니큐어가 퇴색되어 13레벨의 오렌지 계열
- **모발 상태** 새치가 두드러지고 뿌리의 볼륨이 다운되어 보인다.

새치 분포도

탑과 얼굴 주위를 중심으로 40%. 백에서 네이프쪽으로 15%의 새치가 자라 있다.

Base cut

Hair design / 타카자와 카츠노리

 ## 디자인 구성

사용 테크닉

더블 프로세스

 Weaving — DESIGN COLOR TECHNIQUE 01
위빙(하이라이트)

 **Backcombed Hair Color** — DESIGN COLOR TECHNIQUE 02
백콤

 **Zero Technique** — GRAY HAIR TECHNIQUE 02
제로테크닉(헤어매니큐어)

 **Smudging** — DESIGN COLOR TECHNIQUE 01
스머징(하이라이트)

호일 배치

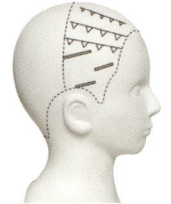

Side   Back   Front

 ## 플래티넘 포인트

새치가 자랐을 때 하이라이트와 잘 어우러져 눈에 띄지 않도록 표면에 좁은 하이라이트를 시술한다. 안쪽에는 두꺼운 하이라이트를 시술하고 모발에 컬을 넣었을 때 화려해 보이도록 구성. 더블 프로세스로 헤어매니큐어를 표면에 도포. 스머징으로 뿌리부터 모발끝쪽으로 채도가 높은 그라데이션 컬러를 시술한다.

사용 약제

ⓐ 하이라이트 : ARIMINO 『아시안컬러』120브리치 OX6% = 1:2
ⓑ 신생부 : ARIMINO 『컨디셔닝컬러』 M-RB:L-RB=1:2
ⓒ 기존 염색부(중간) : ARIMINO 『컨디셔닝컬러』 M-RB:L-RB:P-P=1:2:2
ⓓ 기존 염색부(모발끝) : ARIMINO 『컨디셔닝컬러』 pp:L-RB=1:1

헤어케어 기술

1프로세스. 탑부터 폭2mm, 간폭2mm, 깊이2mm의 위빙으로 약제ⓐ를 뿌리부터 도포하고, 하이라이트를 시술한다. 표면에 좁은 하이라이트를 시술로 인해 새치가 자라도 잘 보이지 않는다.

10mm의 슬라이스를 나누고, 이 부분은 도포하지 않고 모발을 남겨 둔다. 다음은 폭 5mm, 간폭10mm, 깊이5mm의 위빙에 약제ⓐ를 도포한다.

20mm의 슬라이스를 나누고 이 부분은 바르지 않고 모발을 남겨 둔다. 다음으로 폭 10mm, 간폭10mm, 깊이5mm의 위빙에 약제ⓐ를 도포한다. 중간은 솔을 눕혀 도포하고, 약제의 양을 적게 한다.

모발끝은 솔을 눕혀 도포. 모발끝에 약제의 도포량이 많아지도록 한다.

안쪽이 되는 부분부터 모발을 나누고, 백콤의 테크닉으로 소프트한 하이라이트 그라데이션이 되도록 설정한다.

백콤 후 남은 모발끝에 약제ⓐ를 도포한다.

라이트 사이드·백도 ①~⑥을 시술. 표면에는 위빙을, 안쪽에는 백콤을 시술, 하이라이트를 넣는다.

10분정도 자연방치. 시차를 두고 하이라이트 얼룩을 방지하기 위해서 약제의 반응을 확인. 필요에 따라 약제를 닦아낸다.

약제를 잘 씻어 내고 더블 프로세스로.

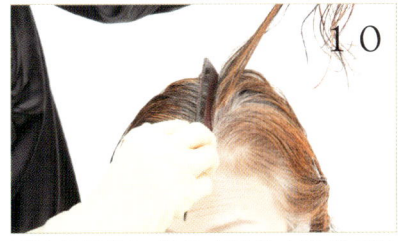

더블 프로세스. 젖은 상태의 모발에 제로 테크닉으로 헤어매니큐어를 도포. 새치가 두드러지는 파트, 프론트의 머리 가장자리의 뿌리부터 도포를 시작, 신생부에 매니큐어ⓑ를 빈틈없이 도포한다.

신생부의 리터치가 끝났다면 기존 염색부 시술. 디바이딩부터 중간 부분에 걸쳐 헤어매니큐어ⓒ를 도포.

모발끝쪽은 더욱 선명한 색의 헤어매니큐어ⓓ를 도포. 모발끝까지 도포가 끝났다면 랩을 씌워 15분 가온. 1프로세스에서 시술한 하이라이트 부분에 헤어매니큐어로 색을 얹고 화려한 인상의 헤어 컬러로.

완성

Platinum Color 새치에 색을 입힌다

기술해설 / 나카무라 다이스케

퍼머의 매끄러운 질감에 좁은 하이라이트를 시술해서 소프트한 움직임에 엘레강트하고 화려함을 플러스하는 컬러 디자인을 제안하겠습니다.

모델 데이터

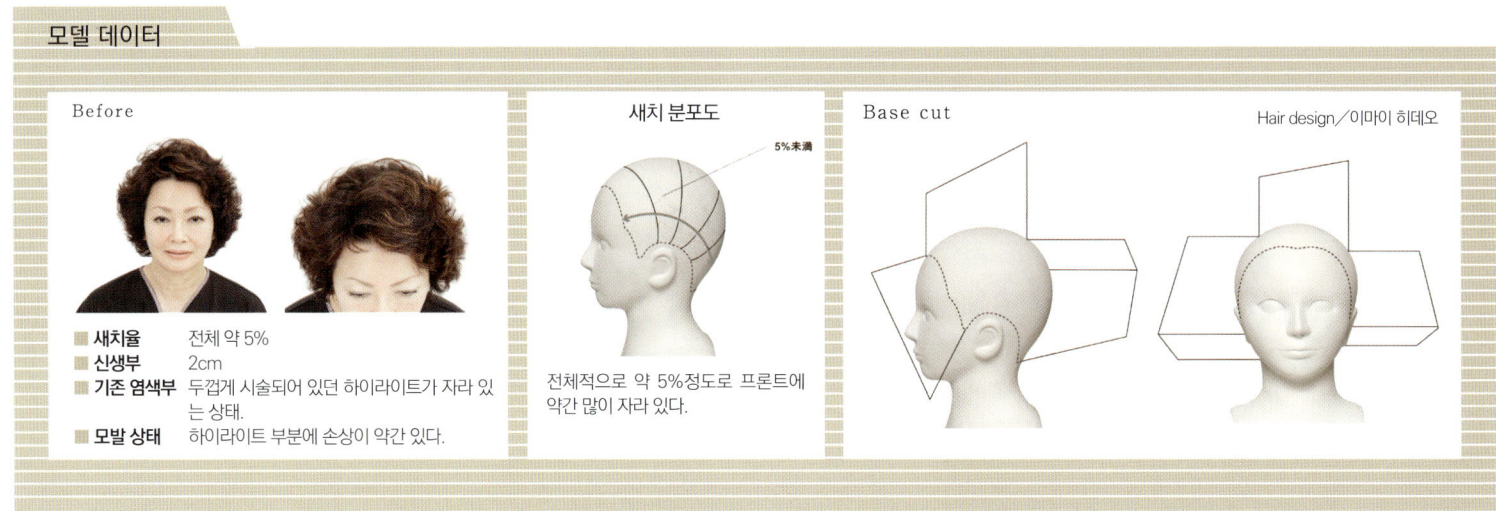

Before
- 새치율: 전체 약 5%
- 신생부: 2cm
- 기존 염색부: 두껍게 시술되어 있던 하이라이트가 자라 있는 상태.
- 모발 상태: 하이라이트 부분에 손상이 약간 있다.

새치 분포도
전체적으로 약 5%정도로 프론트에 약간 많이 자라 있다.

Base cut — Hair design/이마이 히데오

디자인 구성

사용 테크닉

Weaving — DESIGN COLOR TECHNIQUE 01
위빙(하이라이트)

GrayHair Retouch — GRAY HAIR TECHNIQUE 02
그레이헤어·리터치

플래티넘 포인트

퍼머 시술로 매끄러운 움직임이 있는 디자인으로 좁은 위빙으로 하이라이트를 시술하고, 내츄럴한 밝기를 플러스. 소프트하고 화려함을 하이라이트로 표현한다. 베이스 컬러에는 웜 브라운을 시술하고 깊이있고 품위 있는 쿨한 분위기로.

호일 배치

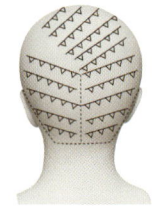 

Back　　　Top

사용 약제

ⓐ하이라이트 : 로레알 프로페셔널『알리아 패션』10내츄럴:플래티넘 = 5:1(OXY6%)
ⓑ신생부 : 로레알 프로페셔널『알리아 그레이』5웜브라운(OXY6%)
ⓒ기존 염색부 : 로레알 프로페셔널『알리아 그레이』5웜브라운(OXY3.7%)

헤어케어 기술

1. 탑부터 백의 모발이 가장자리를 체크. 모발을 한 번 당겨 보고 잡아 올리듯이 돌린 파트에서 블로킹.

2. 왼쪽 백에 하이라이트를 시술. 목덜미 부분은 바르지 않고 남겨 둔다. 폭10mm, 간폭 10mm, 깊이5mm 피치로 위빙을 시술하고, 뿌리부터 바르지 않고 남겨 약제 ⓐ를 도포.

3. 리터치와 베이스 컬러 시술에 방해가 되지 않도록 호일을 세번 접어 둔다. 다음으로 두께10mm 슬라이스를 나누고, 이 부분은 바르지 않고 남겨 둔다.

4. ②~③ 순서대로 아래부터 쌓아 올리듯이 위빙으로 하이라이트를 넣는다. 백의 하이라이트 시술이 종료된 상태.

5. 탑의 시술. ①에서 블로킹 한 탑에도 피치도 아래쪽부터 순서대로 위빙을 시술해서 하이라이트를 넣는다.

6. 왼쪽 사이드 시술. 폭10mm, 간폭10mm, 깊이5mm로 위빙을 시술한다. 귀 위부터 위쪽방향으로 쌓아 올리듯이 하이라이트를 넣는다.

7. 헤비 사이드의 프론트는 피치를 두껍게 설정. 하이라이트의 라인을 강하게 하고 모발의 흐름을 강조한다. 호일은 4개.

8. 오른쪽 사이드도 귀 위쪽부터 위쪽 방향으로 호일을 쌓아 올리듯이 하이라이트를 넣는다.

9. 라이트 사이드부터 프론트쪽으로 하이라이트 시술이 종료된 상태.

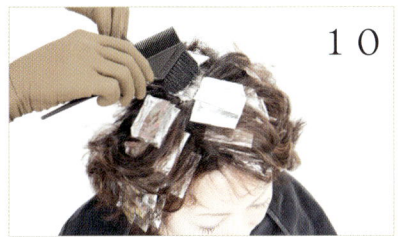

10. 뿌리 리터치. 위쪽에서 아래쪽 방향으로 신생부에 약제 ⓑ를 도포. 나누어 바른 호일의 뿌리에도 도포한다.

11. 뿌리의 리터치가 종료된 상태.

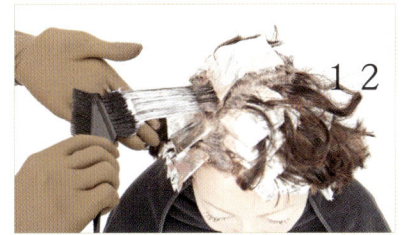

12. 모발끝에는 약제 ⓒ를 도포. 뿌리와 같은 약제를 사용하지만 과산화수소(산화제) %를 내려 모발에 부담을 줄인다. 이전 시술했던 하이라이트를 없애고 기존 염색부의 퇴색을 커버한다. 도포가 종료된 후 페이퍼를 붙이고 랩을 씌워 15분 자연 방치한다.

 ## 완성

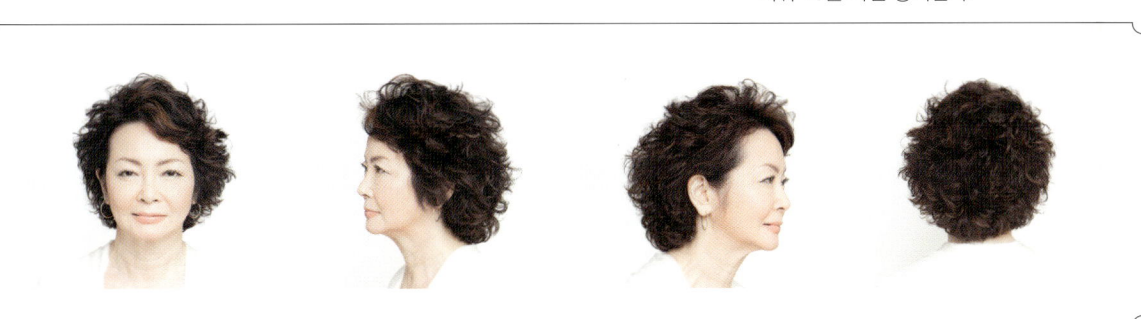

Platinum Color 새치에 색을 입힌다

기술해설 / 오사와 마사유키

하이라이트와 로우라이트, 헤어매니큐어 조합으로 화려하고 윤기있는 헤어 컬러를 표현한다. 헤어 컬러 상급자인 성인 고객을 대상으로 만족할 수 있는 컬러 디자인을 제안해 보겠습니다.

모델 데이터

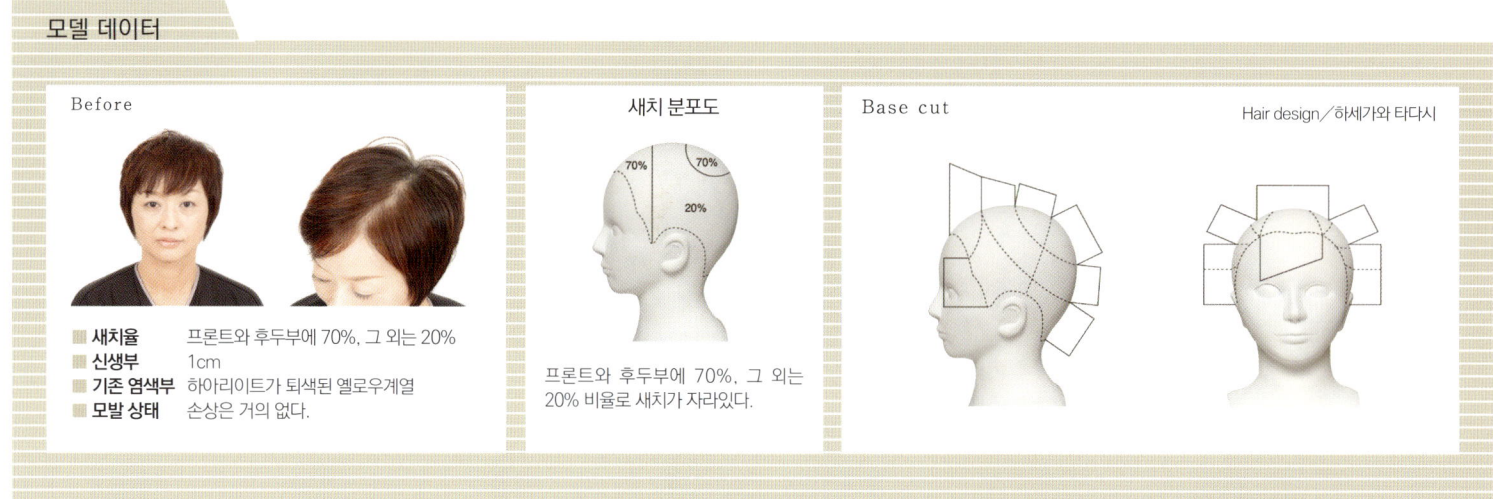

Before
- 새치율: 프론트와 후두부에 70%, 그 외는 20%
- 신생부: 1cm
- 기존 염색부: 하이라이트가 퇴색된 옐로우계열
- 모발 상태: 손상은 거의 없다.

새치 분포도
프론트와 후두부에 70%, 그 외는 20% 비율로 새치가 자라있다.

Base cut
Hair design / 하세가와 타다시

디자인 구성

사용 테크닉

더블 프로세스

 Weaving — DESIGN COLOR TECHNIQUE 01
위빙(하이라이트)

 Weaving — DESIGN COLOR TECHNIQUE 01
위빙(로우라이트)

 Zero Technique — GRAY HAIR TECHNIQUE 01
제로 테크닉(헤어매니큐어)

호일 배치

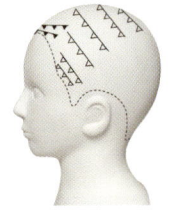

Side   Back   Top

플래티넘 포인트

전체적으로 좁은 위빙으로 하이라이트를 시술하고, 내츄럴한 움직임과 밝기를 플러스. 새치가 돋보이는 부분에는 로우라이트를 시술해서 새치가 눈에 띄지 않도록 한다. 더블 프로세스에서 헤어매니큐어를 전체에 도포, 윤기있고 품위 있는 헤어 컬러로 마무리한다.

 사용 약제

ⓐ 하이라이트 : ARIMINO 『컬러리스트 i』 라이트너:『아시안컬러』브리치 120=3:1(OXY6% X3)
ⓑ 로우라이트 : ARIMINO 『컬러리스트 i』 4내츄럴(OXY2.8%)
ⓒ 신생부 : ARIMINO 『컬러리스트 OASIC』 M-KB
ⓓ 기존 염색부 : ARIMINO 『컬러리스트 OASIC』 P-K

헤어케어 기술

1. 탑에 폭5mm, 간폭7mm, 깊이3mm의 위빙을 시술, 뿌리부터 약제 ⓐ를 도포. 하이라이트를 넣어 밝은 인상의 헤어 컬러 디자인을 목표로한다.

2. 10mm간폭으로 ①과 같이 폭5mm, 간폭7mm, 깊이3mm의 위빙을 시술하고 약제 ⓐ를 도포한다. 이것을 프론트쪽으로 반복한다.

3. 새치가 많은 프론트쪽에는 폭5mm, 간폭7mm, 깊이3mm의 위빙을 시술해서 약제 ⓑ를 도포. 로우라이트를 넣어 새치의 밝기를 낮춘다.

4. 사이드도 폭5mm, 간폭7mm, 깊이3mm의 위빙을 시술하고 검은 모발의 부분을 나누어 둔다.

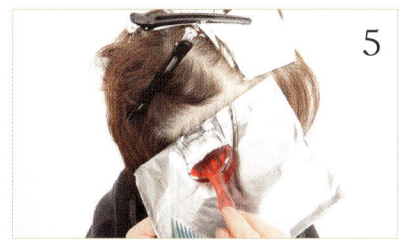

5. 검은 모발에는 약제 ⓐ를 도포해서 하이라이트를 넣는다. 얼굴 주위의 새치가 많은 부분에는 약제 ⓑ를 도포해서 로우라이트를 넣는다.

6. 왼쪽 사이드도 검은 모발에는 약제 ⓐ를 도포해서 하이라이트를, 새치가 많은 부분에는 약제 ⓑ를 도포해서 로우라이트를 넣는다.

7. 백 시술. 폭5mm, 간폭7mm, 깊이3mm의 위빙을 시술, 뿌리부터 약제 ⓐ를 도포한다. 하이라이트를 중심으로 넣는다.

8. 새치가 많은 후두부는 새치를 중심으로 약제 ⓑ를 도포. 로우라이트를 넣는다.

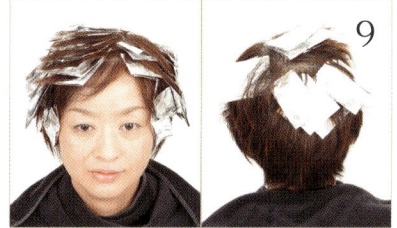

9. 위빙을 시술 한 상태. 하이라이트를 중심으로 시술, 새치가 많은 부분에는 로우라이트를 넣는다.

10. 방치 후, 하이라이트와 로우라이트를 시술한다. 하이라이트 부분에 색이 들어가지 않도록 하기 위해서 로우라이트 부분을 먼저 헹구고 그 후 하이라이트 부분의 호일을 떼어 약제를 닦아낸다.

11. 제로 테크닉으로 뿌리에 약제 ⓒ를 도포한다. 헤어매니큐어로 리터치한다.

12. 모발끝에는 약제 ⓓ를 도포. 페일 카키의 헤어매니큐어를 전체에 도포하고, 손상을 줄여 윤기 있는 헤어 컬러를 시술한다.

 ## 완성

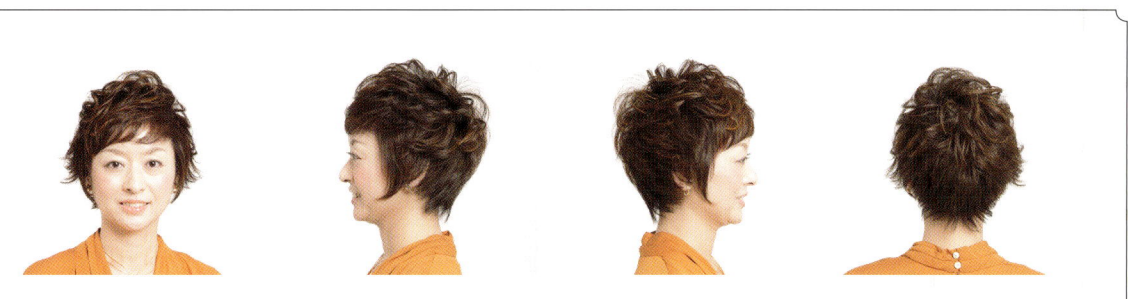

Platinum Color 새치에 색을 입힌다

기술해설 / 오자키 아츠코

좁은 위빙의 하이라이트로 새치 초기를 돋보이게 하는, 품위 있고 호감도가 높은 헤어 컬러 디자인을 제안하겠습니다.

모델 데이터

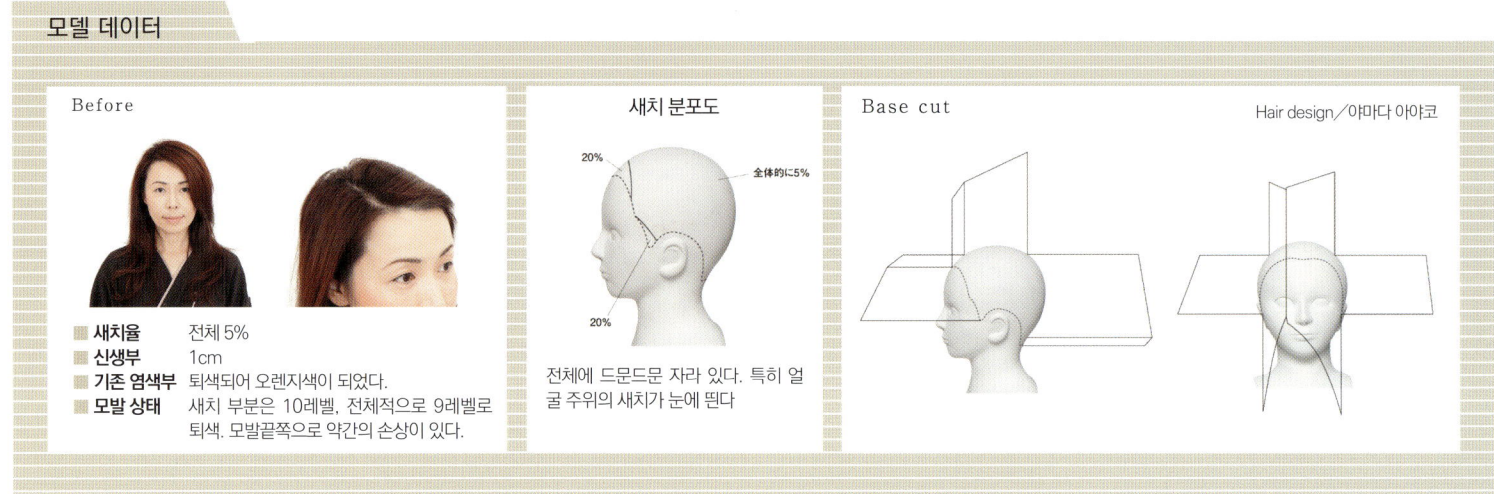

Before
- 새치율: 전체 5%
- 신생부: 1cm
- 기존 염색부: 퇴색되어 오렌지색이 되었다.
- 모발 상태: 새치 부분은 10레벨, 전체적으로 9레벨로 퇴색. 모발끝쪽으로 약간의 손상이 있다.

새치 분포도
전체에 드문드문 자라 있다. 특히 얼굴 주위의 새치가 눈에 띈다

Base cut
Hair design / 야마다 아야코

디자인 구성

사용 테크닉

 Weaving — DESIGN COLOR TECHNIQUE 01
위빙(하이라이트)

 **GrayHair Retouch** — GRAY HAIR TECHNIQUE 02
그레이헤어·리터치

플래티넘 포인트

새치가 돋보이는 파트, 프론트, 탑, 구레나룻, 목덜미 부분을 시술해서 새치가 자라도 잘 보이지 않는 컬러 디자인으로. 베이스는 윤기가 있는 핑크 브라운으로, 모발끝쪽으로 밝아지도록 그라데이션 형태의 컬러를 시술한다. 성인의 귀여움을 표현할 수 있다.

호일 배치

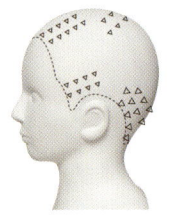

Side Back Top

사용 약제

ⓐ 하이라이트 : 로레알 프로페셔널 『플래티넘』(OXY3.7% X2)
ⓑ 신생부 : 로레알 프로페셔널 『알리아 그레이』7핑크 브라운(OXY6%)
ⓒ 기존 염색부 : 로레알 프로페셔널 『알리아 패션』 8핑크:8내츄럴=2:1(OXY 3.7%)

헤어케어 기술

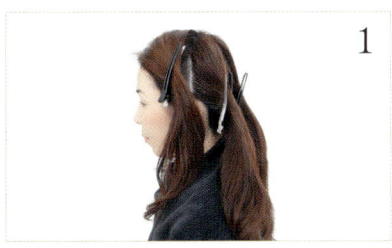
1. 블로킹. 탑을 지나는 이어 투 이어 파트에서 앞쪽은 파트에 맞추고 뒤쪽은 정가운데 선을 기준에서 좌우로 나눈다.

2. 왼쪽 네이프의 헴 라인에 따라 폭10mm, 간폭10mm, 깊이5mm의 위빙을 시술, 호일을 모발 아래에 넣는다.

3. 신생부를 남겨 약제 ⓐ를 모발끝까지 도포. 두께 10mm간폭으로 위빙을 3개 시술한다.

4. 오른쪽 네이프도 위빙으로 하이라이트를 3개 넣는다.

5. 탑은 폭5mm, 간폭10mm, 깊이5mm의 위빙을 시술하고, 좁은 하이라이트를 넣는다. 두께 10mm의 간폭으로 위빙을 3개 시술한다.

6. 새치가 많아서 눈에 잘 띄는 얼굴 주위의 사이드는 귀 위부터 폭5mm, 간폭10mm 위빙을 시술해서 하이라이트를 넣는다.

7. 프론트도 폭5mm, 간폭10mm, 깊이5mm의 위빙을 시술하고 뿌리는 바르지 않고 하이라이트를 넣는다. 파트에 맞춰 10mm간폭으로 하이라이트를 3개 넣는다.

8. 라이트 사이드도 귀 위, 프론트에 하이라이트를 넣는다. 모발양에 맞춰 패널의 수를 조정한다.

9. 뿌리의 리터치. 신생부에 약제 ⓑ를 도포. 위빙으로 남겨 둔 호일의 뿌리 부분에 확실하게 도포한다.

10. 전체의 뿌리에 도포가 종료되었다면 약제가 마르지 않도록 파트 부분에 페이퍼를 붙인다. 랩을 씌워 15분정도 자연방치.

11. 다음으로, 기존 염색부의 중간 부분에 약제 ⓒ를 도포한다. 모발끝에는 바르지 않고 남겨 둔다.

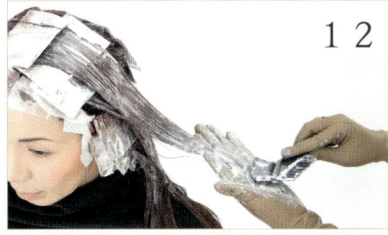
12. 약간 손상이 있는 모발끝에는 시간차로 약제 ⓒ를 도포한다. 전체의 도포가 종료 된 후, 5~10분 방치.

완성

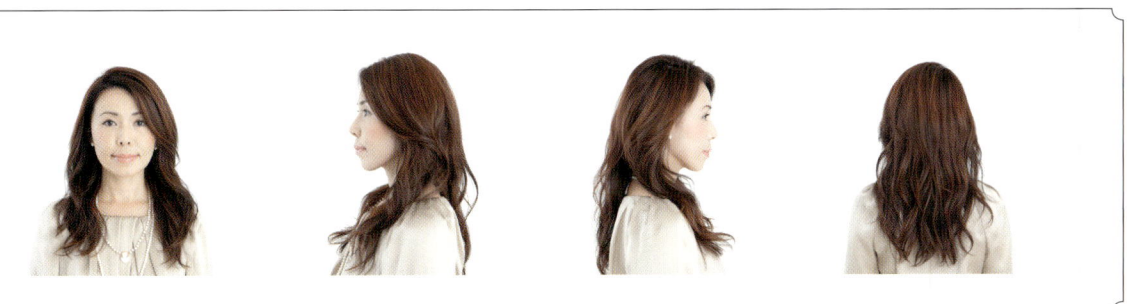

Platinum Color 새치에 색을 입힌다

기술해설 / 카쿠 에리나

하이라이트와 베이스 컬러를 겹쳐서 넣고, 그라데이션 컬러로 깊이감이 있는 테크닉을 해설. 스페 츌러를 사용한 발레야쥬로 시술 시간을 단축할 수 있는 방법도 소개하겠습니다.

모델 데이터

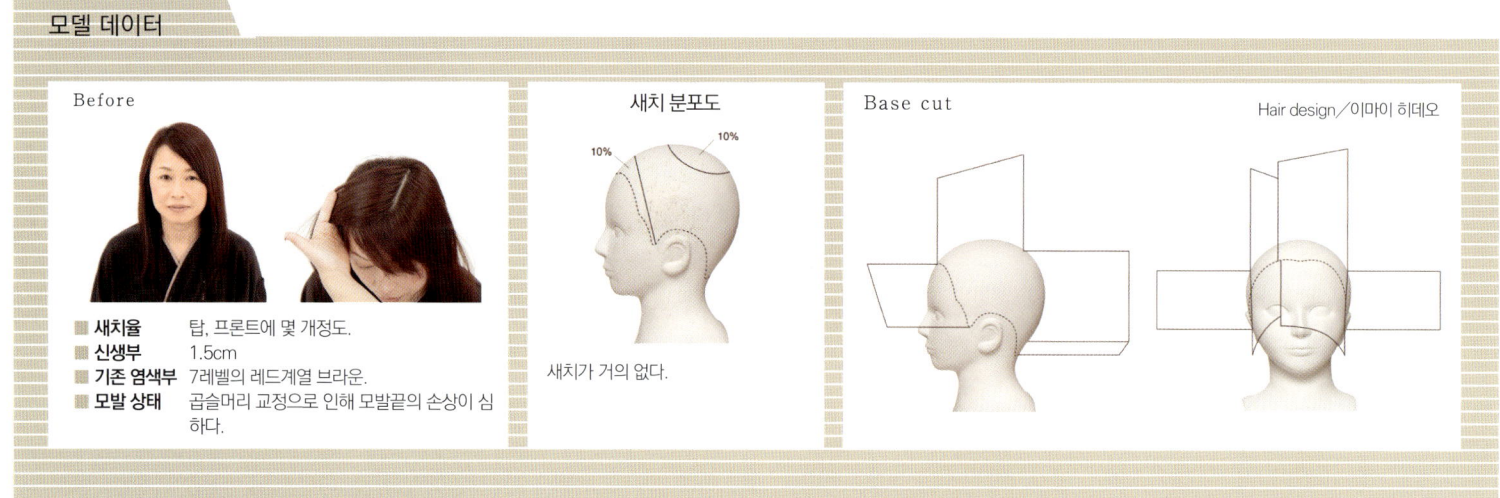

Before

- **새치율**: 탑, 프론트에 몇 개정도.
- **신생부**: 1.5cm
- **기존 염색부**: 7레벨의 레드계열 브라운.
- **모발 상태**: 곱슬머리 교정으로 인해 모발끝의 손상이 심하다.

새치 분포도: 10% / 10%. 새치가 거의 없다.

Base cut — Hair design / 이마이 히데오

✦ 디자인 구성

사용 테크닉

Zero Technique — GRAY HAIR TECHNIQUE 01
제로테크닉(그레이 컬러)

Balayage — DESIGN COLOR TECHNIQUE 03
발레야쥬·스페츌러(하이라이트)

Balayage — DESIGN COLOR TECHNIQUE 03
발레야쥬·스페츌러(베이스컬러)

✦ 플래티넘 포인트

피부가 민감하고 약하기 때문에 제로 테크닉에서 그레이·리터치. 기존 염색부는 웜 브라운의 베이스 컬러와 핑크계열의 하이라이트를 섹션에 따라 교대로 도포. 롱 헤어이기 때문에 스페츌러를 사용한 발레야쥬 테크닉을 사용해서 시간을 단축시킨다. 모발끝 방향으로 랜덤하게 하이라이트가 보일 듯 말 듯 깊이감이 있는 컬러로.

호일 배치

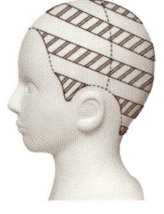
Side

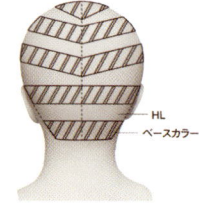
Back

Top

✦ 사용 약제

ⓐ 신생부 : LebeL/TakaraBelmont 『마테리아G』 Br-8G:OX6%=1:1
ⓑ 기존 염색부 : LebeL/TakaraBelmont 『마테리아μ』 Br-6:OX3%=1:1
ⓒ 하이라이트 : LebeL/TakaraBelmont 『마테리아μ』 P-12:OX6%=1:2

헤어케어 기술

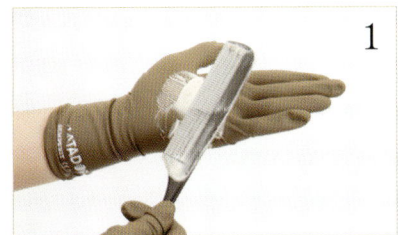

1. 뿌리의 그레이·리터치. 두피가 민감하기 때문에 제로 테크닉을 사용해서 ⓐ의 약제를 도포한다. 우선은 콤으로 약제를 넣는다.

2. 파트부터 두피에 닿지 않도록 약제 ⓐ를 도포. 뿌리부터 디바이딩라인 방향으로 콤을 움직인다. 오버랩되지 않도록 주의한다.

3. 뿌리 리터치 종료.

4. 전체를 이어 투 이어에서 앞뒤로, 프론트쪽은 스타일링 파트, 백은 정가운데선에서 좌우로 블로킹.

5. 왼쪽 네이프부터 두께 30mm의 슬라이스를 나눈다.

6. 긴 머리를 빠르게 도포하기 위해서 스페츌러를 사용해서 발레야쥬로 도포. 모발 아래에 스페츌러를 붙인다.

7. 디바이딩 라인부터 모발끝 방향으로 베이스 컬러의 약제 ⓑ를 도포한다.

8. 스페츌러와 솔을 함께 미끄러지게 하면서 모발끝까지 확실하게 약제를 도포한다.

9. 다음으로, 바로 위부터 두께 30mm의 슬라이스를 나누고, 스페츌러를 사용해서 발레야쥬. 핑크계열의 하이라이트 ⓒ를 도포한다.

10. 베이스 컬러와 하이라이트를 발라 겹쳐 놓은 상태.

11. 모든 블록에 아래부터 위쪽 방향으로 ⑤~⑩ 공정을 반복한다. 베이스 컬러와 하이라이트를 교대로 넣은 상태.

12. 랩을 씌워 15분 자연 방치.

 완성

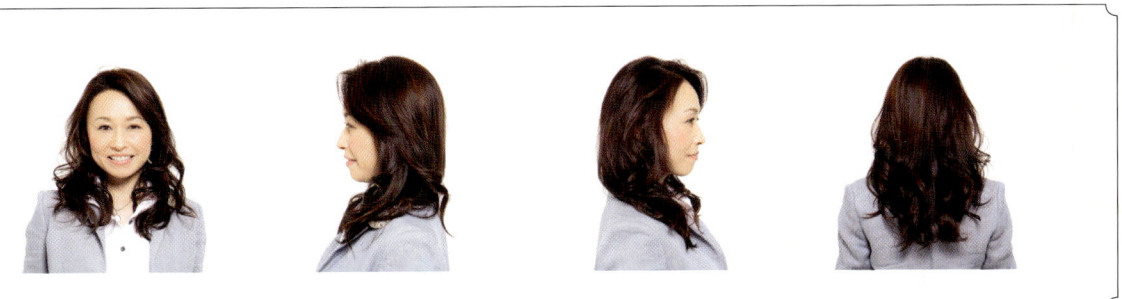

Platinum Color 새치에 색을 입힌다

기술해설 / 카쿠 에리나

새치 초기에는 하이라이트와 로우라이트를 블랜드 한 움직임이 있는 헤어 컬러 디자인을 제안하겠습니다.

모델 데이터

Before

- **새치율**: 탑과 페이스 라인 5%
- **신생부**: 1.5cm
- **기존 염색부**: 오렌지색이 강한 7레벨의 오렌지 브라운.
- **모발 상태**: 1년 전에 브리치를 했고 모발끝 5cm가 손상이 심한 상태.

새치 분포도

새치가 거의 없다.

Base cut
Hair design / 아리무라 마사히로

디자인 구성

사용 테크닉

- **Weaving** — DESIGN COLOR TECHNIQUE 01
  위빙 (하이라이트)
- **Weaving** — DESIGN COLOR TECHNIQUE 01
  위빙 (로우라이트)
- **Fashion Retouch** — BASIC TECHNIQUE 02
  패션·리터칭

플래티넘 포인트

두개골 위를 중심으로 위빙으로 하이라이트와 로우라이트를 시술하고, 블랜드 컬러의 디자인으로 아름다운 모발의 흐름을 표현. 새치가 거의 없는 그레이로 접근하는 것을 추천.

호일 배치

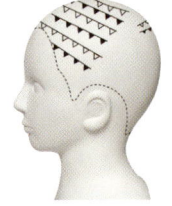 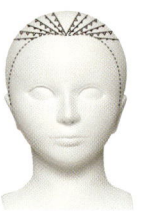 

Side   Front   Top

사용 약제

ⓐ 하이라이트 : 로레알프로페셔널 『플래티넘』 브리치 (OX6% X2)
ⓑ 로우라이트 : 로레알프로페셔널 『알루리아 패션』 매트6 (OXY3.7%)
ⓒ 신생부 : 로레알프로페셔널 『알루리아 패션』 애쉬8 : 베이지8=3:1 (OXY6%)
ⓔ 기존 염색부 : 로레알프로페셔널 『알루리아 패션』 애쉬8 : 베이지8=3:1 (OXY3.7%)

헤어케어 기술

1. 파트부터 폭3mm, 간폭7mmm, 깊이 3mm의 위빙을 시술한다.

2. 하이라이트의 경계가 또렷하지 않도록 뿌리는 솔을 세우고 중간부터 모발끝은 솔을 눕혀 약제ⓐ를 도포한다.

3. 3mm의 간폭을 벌리고 폭5mm, 간폭10mm, 깊이3mm의 피치로 약간 두꺼운 위빙을 시술한다.

4. 다음은 뿌리부터 약제ⓑ를 도포 후 로우라이트를 시술한다.

5. ①~②와 같은 피치로 약제ⓐ를 도포해서 하이라이트를, ③~④와 같은 피치로 약제ⓑ를 도포해서 로우라이트를 3mm간폭으로 교대로 시술한다.

6. 오른쪽 프론트의 두개골 위에 하이라이트와 로우라이트를 교대로 시술 한 상태.

7. 반대 프론트도 왼쪽 프론트의 두개골 위에 하이라이트와 로우라이트를 교대로 시술한다.

8. 프론트 부분의 하이라이트와 로우라이트의 위빙이 종료된 상태.

9. 탑의 가마 부분에 폭3mm, 간폭7mm, 깊이3mm의 위빙으로 로우라이트를 시술한다.

10. 뿌리 리터치. 신생부에 약제ⓒ를 도포한다.

11. 뿌리의 리터치가 완료된 상태.

12. 약제ⓐ를 기존 염색부 전체에 도포. 그 후, 랩을 씌워 15분정도 자연 방치한다.

완성

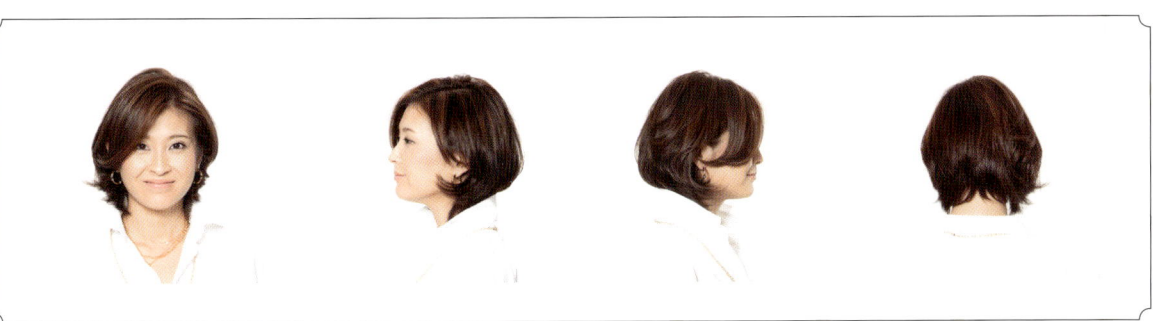

Platinum Color 새치에 색을 입힌다

기술해설 / 카쿠 에리나

스머징으로 하이라이트의 명도를 계산해서 구성한, 스타일리쉬하고 랜덤한 느낌의 컬러 디자인 만드는 방법을 배워봅시다.

모델 데이터

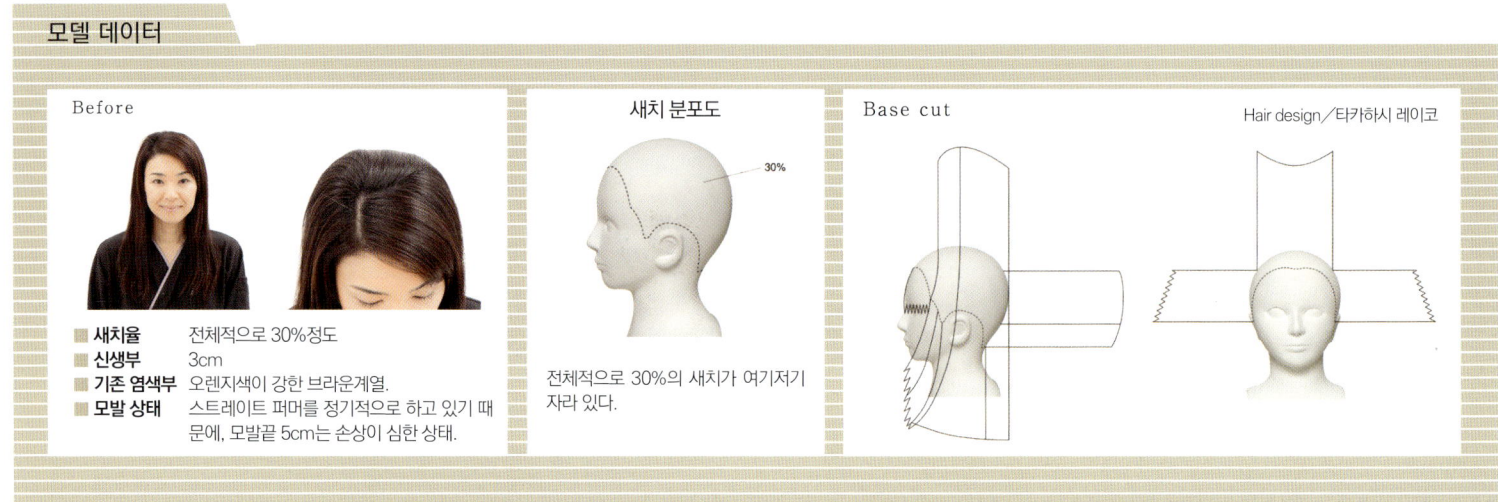

Before

- 새치율: 전체적으로 30%정도
- 신생부: 3cm
- 기존 염색부: 오렌지색이 강한 브라운계열.
- 모발 상태: 스트레이트 퍼머를 정기적으로 하고 있기 때문에, 모발끝 5cm는 손상이 심한 상태.

새치 분포도

전체적으로 30%의 새치가 여기저기 자라 있다.

Base cut

Hair design / 타카하시 레이코

디자인 구성

사용 테크닉

Smudging — DESIGN COLOR TECHNIQUE 01
스머징(하이라이트)

Weaving — DESIGN COLOR TECHNIQUE 01
위빙(로우라이트)

GrayHair Retouch — GRAY HAIR TECHNIQUE 02
그레이헤어·리터치

플래티넘 포인트

랜덤하게 시술된 하이라이트&로우라이트 디자인 컬러를 스타일링으로 다양한 형태를 표현할 수 있도록 구성. 하이라이트는 스머징, 모발끝 방향으로 밝아지도록 그라데이션 컬러로. 피부색에 어울리는 매트계열의 베이스에 해외 셀럽들과 같은 분위기를 목표로 한다.

호일 배치

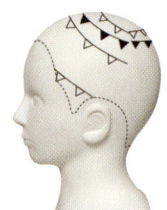

Side Back Top

사용 약제

ⓐ하이라이트 : Wella 『콜레스톤 퍼펙트』 14/11:14/88=1:1(OX6% X3)
ⓑ하이라이트 : Wella 『크림브리치』 (ox6% X2)
ⓒ로우라이트 : Wella 『소프트터치』 S4/7 (OX1.5% X2)
ⓔ신생부 : Wella 『콜레스톤 퍼펙트』 8/02:7/07=3:1(OX6%)
ⓕ기존 염색부 : Wella 『소프트터치』 SC8/2:SC8/7=3:1(OX2.8% X2)

헤어케어 기술

1. 헤비 사이드부터 시술. 랜덤한 피치를 설정한 위빙에 칩을 나누고 신생부 3cm는 바르지 않고 남겨 두고 약제 ⓐ를 중간까지 도포. 프론트 쪽은 폭이 넓은 하이라이트로 대담한 디자인으로 목표로 한다.

2. 중간부터 모발끝 방향으로 약제 ⓑ로 바꿔 스머징 테크닉을 사용한다. 모발끝 방향으로 더 밝아지도록 밝은 하이라이트로 설정.

3. 도포 한 약제가 섞이지 않도록 새로운 호일을 덮어 접는다.

4. 전체를 이어 투 이어에서 앞뒤로, 프론트쪽은 스타일링 파트, 백은 정가운데선에서 좌우로 블로킹.

5. 왼쪽 네이프부터 두께 30mm의 슬라이스를 나눈다.

6. 긴 머리를 바르게 도포하기 위해서 스페츌러를 사용해서 발레야쥬로 도포. 모발 아래에 스페츌러를 붙인다.

7. 반대쪽 사이드의 두개골 위쪽도 5mm간 폭으로 하이라이트와 로우라이트를 교대로 도포.

8. 프론트 부분은 폭3mm, 간폭7mm, 깊이 3mm의 위빙으로 약제 ⓐ를 도포하고 하이라이트를 시술한다. 5mm를 벌리고 다음으로 폭 3mm, 간폭7mm, 깊이3mm의 위빙에 약제 ⓒ를 도포해서 로우라이트를 시술한다. 다음으로 하이라이트를 시술해서 프론트 종료.

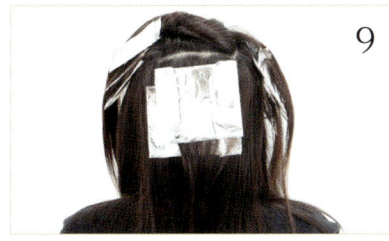

9. 백 시술. 폭10mm, 간폭20mm, 깊이3mm의 위빙. 스머징으로 약제ⓐ와 ⓑ를 도포하고 하이라이트를 시술한다. 5mm를 벌려 같은 피치로 위빙을 시술하고, 약제 ⓒ를 도포한다. 로우라이트를 시술한다.

10. 뿌리 리터치. 전체의 뿌리에 약제 ⓓ를 도포한다. 호일워크로 남겨 두었던 신생부 3cm에도 확실하게 도포한다.

11. 뿌리의 리터치가 종료되었다면 손상이 있는 모발끝을 남겨 기존 염색부의 중간에 약제 ⓔ를 도포한다.

12. 마지막으로 남겨 둔 모발끝에 시간차를 두고 약제ⓔ를 도포 후 종료. 랩을 덮어 15분 자연방치.

 완성

Platinum Color for glow hair

새치 일반 상식

알아두면 살롱워크에 꼭 도움이 된다!
새치의 간단한 지식

접객중, 살롱워크 등에서 새치에 관련한 「왜?」 「어째서?」 등의 질문을 받지 않나요? 고객에게 질문을 받고 답을 해줄 수 없었던 일반 상식 질문, 모발 과학에 관련한 새치의 특성 등 컬러리스트가 실제로 직면하게 되는 새치에 관한 질문에 답을 해보겠습니다.

취재협력
주식회사 ARIMINO, 일본 로레알 주식회사, P&G살롱 프로페셔널(Wella),
REAL 화학 주식회사, TakaraBelmont 주식회사

새치는 왜 생기는 걸까?

답 원래 있어야 할 멜라닌 색소가 없는 상태에서 자라난 모발

새치의 원인

① 노화
② 스트레스, 불규칙한 식생활, 약의 부작용, 병, 산화 스트레스
　상기의 원인으로 멜라닌 색소의 생성기능의 저하가 일어나기 때문입니다.

새치의 메커니즘

멜라닌 색소는 모발의 모근에 있는 멜라노사이트라고 불리는 세포에서 생산이 되고, 그 멜라닌 색소가 콜텍스 안에 침착되어 모발이 검게 보입니다.

여러가지의 원인으로 멜라노사이트의 움직임이 약해지고 멜라닌 색소가 만들어지지 않거나, 생성된 멜라닌 색소를 모모세포가 받아들이지 않거나 해서 새치가 된다고 알려져 있습니다.

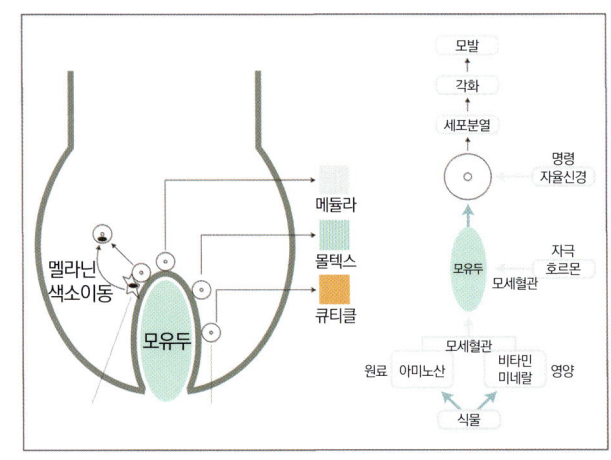

그림1 루베르/타카라벨몬트

멜라노사이트의 상태

사진1
P&G 살롱
프로페셔널(Wella)

새치를 뽑으면 늘어난다던데 정말일까?

답 그렇지 않습니다.

새치를 뽑기 시작하는 시기가 새치가 늘어나는 시기와 겹치면서 그렇게 느끼는 것입니다. 습관적으로 새치를 뽑으면 모구(모발의 뿌리에 있는 구멍 형태로 부푼 부분)에 손상을 주어, 모발이 가늘어질 수 있습니다.
손으로 뽑지 말고 가위로 뿌리부터 잘라 주세요.

새치와 검은 모발이 자라는 속도는 다를까?

 「새치가 자라는 속도는 같다」 설

새치도 검은 모발도 같은 발생기⇒성장기(3~6년)⇒퇴행기(1~1.5개월)⇒휴지기(4~5개월) 헤어 사이클로 성장하고 1개월에 평균 1cm의 속도로 성장합니다.
다만 검은 모발 중 흰 부분이 눈에 띄기 때문에 빨리 자란다고 느껴지는 것입니다.

새치의 흰색이 팽창색으로 착각 효과에 의해 두껍게 자라는 것 같은 현상
그림2 P&G살롱 프로페셔널(Wella)

 「새치가 자라는 속도가 더 빠르다」 설

· 새치는 검은 모발보다 빠르게 성장합니다. 유럽인의 같은 직경의 새치와 검은 모발로 성장의 속도를 비교, 새치쪽이 빠르게 성장한다는 것을 보고한 연구가 있습니다. 그러나, 새치가 빠르게 성장하는 이유는 아직 완전하게 해명되지 않았고, 더욱 자세한 조사가 필요합니다.
· 평균치를 비교하면, 새치쪽이 약간 빠르다는 연구가 있습니다. 이유로는, 검은 모발에는 성장 속도가 느린 가는 모발이 섞여 있는 것과 비교해 새치에는 가는 모발이 적기 때문에 평균적으로 새치쪽이 빠르다고 할 수 있습니다.

검은 모발보다 새치가 두껍고 단단한 것은 왜일까?

 「두께·단단함이 같다!」 설

한 사람의 모발과 새치의 두께·단단함은 기본적으로 같습니다. 다만 흰색은 팽창색이기 때문에 검은색 모발 속에 새치가 있으면 두껍고 팽창되어 보이는 착각을 일으킵니다. 반대로 검은색은 수축색이기 때문에 새치 속에 검은색 모발이 있으면 가늘어 보이는 착각을 일으킵니다. 이러한 이유로 새치와 비교해서 두꺼워 보이는 것일지도 모릅니다.

수축색과 팽창색에 의한 착각

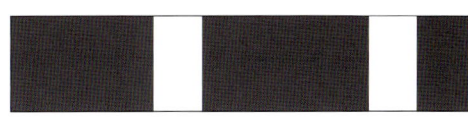

검은색 속 흰색은 두껍게 느껴진다

 「두께·단단함이 다르다!」 설

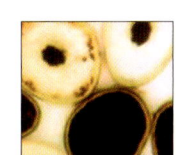

단면도를 봐도 두께는 다르지 않다.

사진2 P&G살롱 프로페셔널( )

· 새치와 검은 모발의 물리적 구조는 다릅니다.
· 모발의 두께와 단단함은 콜텍스의 양에 의해 결정되는데, 새치는 콜텍스의 양이 검은 모발보다 많다고 알려져 있습니다.
· 새치는 멜라닌 색소가 적은만큼, 모발을 만드는 단백질이 많아지기 때문에 두껍고 단단한 모발이 된다고 생각합니다.
· 화학적인 조성이 약간 달라서 시스틴(모발을 구성하는 주 아미노산)의 양은 새치쪽이 적습니다. 이것이, 새치의 물리적 특성(단단함·헤어 컬러 염색의 어려움)의 원인이라고 생각합니다.

새치가 되면 검은 모발로 돌아가지는 않을까?

 **답** **멜라노 사이트의 움직임이 완전하게 소실되어 버린 경우에는 검은색 모발로 되돌아 갈 수 없습니다.**

다만, 스트레스와 병에 의해 일시적으로 멜라노사이트의 움직임이 약해지고, 멜라닌 색소가 만들어지지 않아 새치가 된 경우에는, 그 원인이 해결되어 다시 멜라닌 색소가 만들어지게 되면 검은색 모발로 되돌아 갈 가능성이 있습니다.

새치는 왜 머리 가장자리와 전두부에 많고, 목덜미 부분에 적을까?

 **답** **남성 호르몬 등의 영향이 경우에 따라 달라지기 때문에 새치 생성에도 영향을 줄 수 있다고 생각합니다.**

새치 생성에 관해서는 몇 가지의 전형적인 패턴이 있는데, 일반적으로 모발 과학에서는 새치는 측두부부터 자라기 시작해 전두부, 그리고 정수리로 진행되어 마지막으로 후두부로 진행된다고 합니다. 목덜미 부분은 남성도 여성도 새치가 적습니다.

새치가 자라는 형태에 남성과 여성의 차이가 있을까?

 **답** **남성의 새치가 자라는 형태는 다릅니다**

평균적인 새치의 발생 연령은 남성 34세·여성 35세로, 두발의 반이 흰색이 되는 평균적인 연령은 남성 55세·여성54세입니다. 새치가 자라기 시작하는 시기는 기본적으로 남녀 모두 거의 같지만 두발의 성장에는 여성의 호르몬이 큰 영향을 주기때문에 남성쪽이 여성보다도 새치의 비율이 많다고 할 수 있습니다.

여성
여성의 경우 새치는 처음부터 정수리와 측두부 양쪽으로 자랍니다.

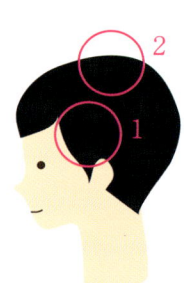

남성
남성의 경우 처음에 측두부에 자란 후, 다음으로 정수리에 자랍니다.

마리앙트와네트 동화처럼 정신적인 요소(스트레스)에 의해서 한 번에 새치가 되는 경우는 정말일까?

답 **그렇지 않습니다.**

하루아침에 새치가 되지는 않습니다. 스트레스에 의해서 모근 부분의 기능이 저하되어 멜라닌이 만들어지지 않는 경우는 있지만, 새치가 되는 것은 다음 자라는 모발뿐으로 모발 전체가 하얗게 되는 것은 화학적 물리를 가하지 않는 한 불가능합니다.

다만 심각한 정신적 쇼크가 탈모를 일으키기는 합니다. 하지만 이것도 새치가 아닌 모발에만 일어납니다.

마리앙트와네트의 이야기가 사실이라고 하면, 죽을 정도의 정신적인 쇼크에 의해, 그녀의 새치가 아닌 일반 모발이 거의 빠져 새치만 남아 있는 경우. 그래서 모든 모발이 새치로 바뀌었을 가능성이 있습니다.

새치는 유전일까요?

답 새치에는 유전적인 요소도 있습니다.

다만 의학적으로 해명되지 않은 부분도 많고, 새치가 생기는 것은 외적 또는 내적인 원인으로 좌우됩니다.
유선은 내적 요인중 하나로 들 수 있고, 특히 새치는 유전적 영향이 강하다고 할 수 있습니다.

새치가 되는 것은 검은 모발뿐인가요?

답 블론드와 적모도 검은 모발처럼 새치가 됩니다.

검은색 모발, 블론드 헤어와 적모 등 색이 결정되는 원인은 멜라닌의 종류「유멜라닌(흑갈색)」과「페오멜라닌(적갈색)」의 비율과 양이 다릅니다. 검은색 모발과 블론드에서는 페오멜라닌은 모두 적지만, 유멜라닌이 검은색 모발과 비교해 매우 많고 블론드에는 적습니다. 반대로 적모는 유멜라닌이 적고 페오멜라닌이 많습니다. 이 멜라닌 색소가 없어지면 검은색 모발, 블론드, 적모 모두 새치가 됩니다.

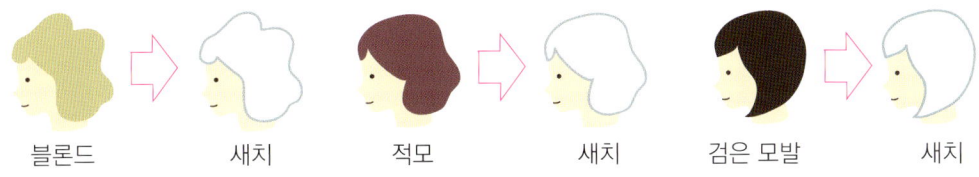

블론드 → 새치   적모 → 새치   검은 모발 → 새치

새치를 예방하기 위한 대책이 있나요?

답 새치의 진행을 늦출 수 있습니다.

· 자외선과 대기오염, 담배를 피하고 규칙적인 생활과 영양 밸런스를 맞춘 식사를 한다.
· 식사는 모발의 성장에 필요한 영양소(비타민A, 미네랄 등)을 섭취하는 것이 좋다.
· 적절한 샴푸로 두피를 청소 후 유지하는 것과 혈행을 촉진시키는 마사지를 한다.
· 모발의 성장에 필요한 영양이 두피의 혈관에 따라 모근으로 운반되기 때문에, 두피의 혈행을 좋게 하고 멜라노사이트의 움직임을 활발히 한다.
· 멜라노사이트를 활성화하는 성분으로서 산초 엑기스가 효과가 있다고 한다.
· 새치는 진행성 현상이기 때문에 초기 단계에서 관리하면 진행을 늦출 수 있다.

살롱 컬러와 홈 컬러에서의 새치 염색약의 차이는?

답 약제와 용기에 각각의 특징이 있습니다.

	홈컬러	살롱컬러
색의 수량	수는 약 5색~20색	색은 약 20색~200색
색조	얼룩이 잘 생기지 않고 탁한 색조가 중심.	저명도에서 고명도까지 폭넓은 라인업.
용기 특징	브러시가 붙은 것이 많고, 혼자 도포하기 쉽게 되어 있다. 에어졸 형태로 1제와 2제가 동시에 나오는 것.	대부분이 1제는 알루미늄튜브, 2제는 보틀.
약제 특징	일반적인 사람이 사용해도 일정 이상의 결과가 나오도록 어느 정도 강한 약제로 되어 있다.	모발의 손상에 맞춰 로우 알카리 타입과 산성타입이 있다. 2제의 과산화수소의 농도는 다양하다.
알카리제	암모니아 향을 피하기 위해서 모노에탄올아민과 같은 불휘발성 알카리가 사용된다.	휘발성이 높고, 모발에 잔류가 거의 없는 암모니아가 사용되는 경우가 많다.
형태	모발에 도포하기 쉽도록 부드러운 것이 많다.	다양한 점도. 새치를 커버할 때는 점도가 높은 것이 많다.

모발색을 밝게 해서 새치를 확실하게 커버하는 방법을 알려주세요.

 **답1** 그레이 컬러와 패션 컬러를 섞어 봅시다

새치 커버력은 다소 떨어지지만, 어느 정도는 염색이 됩니다. 전체적으로 밝아지기 때문에 위화감도 적습니다.

 **답2** 전체를 그레이 컬러로 염색해서 하이라이트를 넣어 봅시다

새치는 확실하게 커버할 수 있고, 밝게 할 수 있습니다. 이 경우, 새치에는 하이라이트를 넣지 않도록 주의 합시다.

검은색으로 염색 한 새치를 최소한의 손상으로 밝게 하기 위한 테크닉과 컬러제가 있나요?

 **답** 백 사이드에 테스트 해봅시다

이 부분의 안쪽에서 테스트

라이트너와 라이트너-브리치를 섞은 것, 그 외에는 브리치로 2제의 농도가 높은 것과 낮은 것 등으로 테스트를 해보는 것이 좋습니다.
테스트를 하는 부분은 이후에 영향이 적은 백 사이드 등이 좋습니다.
1~3개 부분 1mm정도 슬라이스를 나누고, 부위에 따라 약제를 바꾸면 모발과 약제가 잘 맞는지 파악할 수 있습니다.(예 ①라이트너 ②라이트너와 브리치 1:1등). 도포가 끝났다면 20~15분 두고 어느 정도 리프트되었는지 확인, 최저한의 손상으로 끝나는 약제를 선택하는 것이 좋습니다. 또 테크닉에서도 원메이크로 전체를 밝게 하는 방법과 하이라이트로 밝은 인상으로 하는 방법이 있습니다.

홈 컬러로 헤어매니큐어를 한 직후에 살롱에서 컬러 시 대처법이 있을까요?

 **답** 헤어매니큐어는 그대로 시술, 알카리 컬러로 밝게 하는 경우에는 테스트를 합시다

기본적으로는 살롱 컬러에서 헤어매니큐어를 했을 때와 똑같이 대처를 하면 됩니다. 헤어매니큐어를 희망하는 분에게는 평소대로 시술을 하는 것이 좋습니다. 알카리 컬러로 바꾸고 싶어하는 분과 밝게 하고 싶어하는 분은, 현재의 색이 옅은 경우 약간의 오차는 있지만 알카리 컬러를 평소대로 사용하면 됩니다. 다만 헤어매니큐어를 밝게 했을 때 오렌지색이 나오기 때문에 주의합시다.
현재의 색이 짙은 경우에는, 테스트를 해 보는 것을 추천합니다.

리터치의 폭이 넓은 경우 시술 방법은 어떻게 하면 좋을까요?

 **답** 중간 부분에 약제를 많이 도포합시다.

두피에서 떨어진 부분은 약제의 반응이 약하기 때문에 새치 염색이 짙어지거나 디바이딩라인이 생깁니다. 그렇기 때문에 새치 염색의 경우 리터치 폭이 넓을 때는 중간 부분에 약제를 많이 도포하도록 합시다. 그러나 어디까지나 새치 염색이기 때문에 뿌리에도 약제를 확실하게 바릅니다.

검은색 모발
뿌리 / 신생부 / 기존염색부 / 모발끝
이 부분에 확실하게 도포

새치
뿌리 / 신생부 / 기존염색부 / 모발끝
이 부분에 확실하게 도포

마무리

새치를 "살린다" "그라데이션" "색을 입힌다" "기른다"라고 하는 imaii의 Platinum Color 기술을 잘 이해하셨나요.

새치라고 해도, 거의 하나, 두 개인 분부터 100%인 분까지 다양합니다. 이 책에 등장해 주신 imaii의 25명의 고객분들은, 폭넓은 이 기술을 독자 분들이 되도록 쉽게 이해하실 수 있도록 하기 위해 선택했습니다. 3명의 "기르는 컬러" 기술은, 집에서의 염색·검은색 염색을 아름다운 모발로 되돌릴 때의 기술적인 어려움부터, 단계적으로 기술이 필요하다고 하는 관점에 따라 3개월, 총 6개월간 촬영을 진행했습니다만, 그 변화와 아름다워지는 과정을 충분히 이해해주셨으면 좋겠습니다. 또 이외의 고객들은 정기적으로 내점해주는 분들로 시술 전과 큰 변화를 보이지 않는 분도 계시지만 "살리다" "그라데이션" "색을 입히다"라는 관점에서, 이 아름다운 모습은 '숨기는 것' 보다 더 아름답다는 것을 느끼셨을 것입니다.

「첫머리」에서도 쓰여 있지만, "검은색 염색"으로 새치를 숨기고, 그 빈도가 높아짐으로써 화려한 느낌도 사라지고, 피부 연령은 젊은데 나이보다 늙어 보이는 결과를 초래하기 때문에, 젊은 사람을 위한 컬러 기술뿐 아니라 Platinum세대를 위한 컬러 기술을 배워서 넓혀 가는 것이 저희들 미용사의 사명이라고 생각합니다. 실제로 40대 전후반 대상의 일반지에 실려 있는 모델과 독자분들은 「이것이 40대라고?」라고 말할 정도로 "젊고 매력적"입니다. 그녀들이 10년 후 20년 후 아무것도 하지 않는 "할머니"가 되는 걸까요. 절대로 그렇지 않을 것입니다. 60대 70대가 되어도 저 분들의 아름다움에 대한 추구는 끝나지 않을 것입니다. 이 책의 모델이 된 분들처럼 "매력적인 자신"을 더욱 찾고 싶어 할 것입니다. 그 대책으로 첫 번째, 헤어 컬러가 있습니다.

모발을 아름답게 해서 그 사람을 빛나게 할 수 있습니다.
이 모든 도움을 주기 위해서는 저희들 미용사가 헤어 컬러 기술에 대한 꾸준한 연구와 향상을 해야 합니다. 이런 절실한 마음으로 책을 출판하게 되었습니다. 헤어 컬러 기술은 커트 기술과 달리 축적된 경험이 크게 좌우합니다. 독자 여러분들이 이 책을 계기로 수 많은 경험을 쌓아, 여성들을 아름답게 해준다면 저희들 imaii의 큰 기쁨일 것입니다.

2012년 봄